La Ecualización en la Producción Musical

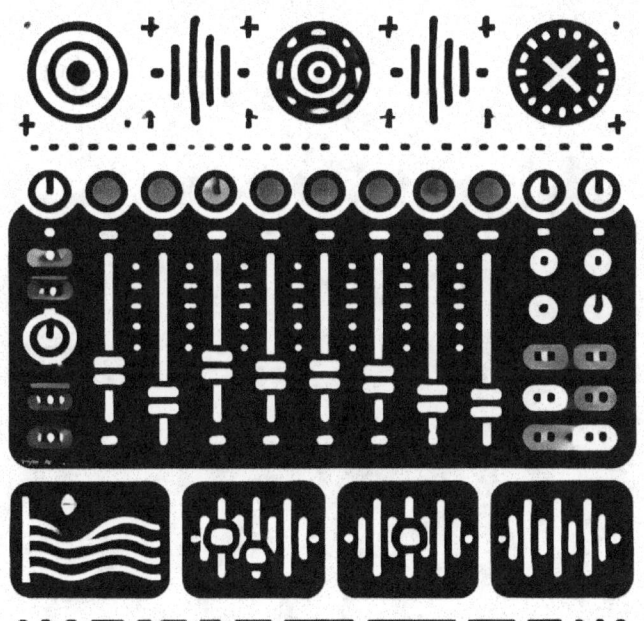

Arianne Luna

Introducción a la ecualización

IMPORTANCIA DE LA ECUALIZACIÓN EN LA PRODUCCIÓN MUSICAL

La ecualización (EQ) es una de las herramientas más fundamentales y versátiles en la producción musical. Su importancia radica en su capacidad para moldear y mejorar el sonido, permitiendo que cada elemento de una mezcla ocupe su propio espacio en el espectro de frecuencias. A continuación, se exploran las razones clave por las que la ecualización es crucial en la producción musical.

1. Mejora de la Calidad del Sonido

La ecualización permite ajustar las diferentes frecuencias de una señal de audio para mejorar su calidad general. Puede realzar las frecuencias deseadas y atenuar las no deseadas, logrando un sonido más claro, definido y profesional.

- **Eliminación de Frecuencias Problemáticas**: Frecuencias como el ruido de fondo, zumbidos o resonancias pueden ser eliminadas o reducidas con precisión.

- **Realce de Frecuencias Deseadas**: Aumentar frecuencias específicas para mejorar la presencia y claridad de ciertos elementos, como las voces o los instrumentos solistas.

2. Creación de Espacio en la Mezcla

Una mezcla musical consta de múltiples pistas que compiten por espacio en el espectro de frecuencias. La ecualización ayuda a evitar el enmascaramiento de frecuencias, donde los sonidos se solapan y se vuelven indistintos.

- **Separación de Instrumentos**: Ajustar las frecuencias de diferentes instrumentos para que cada uno tenga su propio espacio, evitando que se solapen y mejorando la claridad general.
- **Balance Tonal**: Mantener un equilibrio adecuado entre las bajas, medias y altas frecuencias, asegurando que la mezcla suene completa y bien equilibrada.

3. Corrección de Problemas de Grabación

No todas las grabaciones son perfectas desde el principio. La ecualización permite corregir problemas inherentes a la grabación, como el exceso de graves o la falta de agudos, y ajustar las características tonales de las grabaciones en diferentes entornos.

- **Compensación de Deficiencias del Micrófono**: Cada micrófono tiene su propia respuesta de frecuencia. La EQ puede compensar las características tonales del micrófono utilizado.
- **Ajuste de las Condiciones de Grabación**: Los entornos de grabación pueden afectar el sonido. La EQ ayuda a mitigar problemas como las resonancias de la sala o la captación excesiva de ciertas frecuencias.

4. Control Creativo

Más allá de las aplicaciones técnicas, la ecualización también se utiliza de manera creativa para dar forma y carácter al sonido de una grabación.

- **Efectos Específicos**: Aplicar ecualización para crear efectos específicos, como un sonido más oscuro, más brillante o con un enfoque particular en ciertas frecuencias.
- **Estilización del Sonido**: Ajustar las frecuencias para que coincidan con el estilo y el género de la música, desde los graves potentes en la música electrónica hasta los medios claros en la música acústica.

5. Preparación para la Masterización

La ecualización en la mezcla prepara el terreno para una masterización exitosa. Una mezcla bien equilibrada y ecualizada facilita el trabajo del ingeniero de masterización, que podrá centrarse en pulir y dar cohesión al proyecto completo.

- **Consistencia Tonal**: Asegurar que todas las pistas de un álbum tengan una consistencia tonal, facilitando una transición suave entre canciones.
- **Optimización para Diferentes Formatos**: Ajustar las frecuencias para optimizar la reproducción en diferentes formatos y dispositivos, desde altavoces de alta fidelidad hasta auriculares y sistemas de sonido portátiles.

La ecualización es esencial en la producción musical porque permite mejorar la calidad del sonido, crear espacio en la mezcla, corregir problemas de grabación, ejercer control creativo y preparar la mezcla para la masterización. Un dominio adecuado de la ecualización puede transformar una grabación mediocre en una producción profesional y pulida, haciendo que cada elemento de la mezcla suene claro, equilibrado y con carácter. Aprender a usar la ecualización de manera efectiva es una habilidad indispensable para cualquier productor musical.

HISTORIA DE LA ECUALIZACIÓN

La ecualización es una herramienta fundamental en la producción musical y el procesamiento de audio, pero su desarrollo ha pasado por muchas etapas desde sus inicios. A continuación, se presenta un recorrido por la evolución de la tecnología de ecualización, destacando los hitos clave y cómo han influido en la forma en que se produce y escucha la música hoy en día.

Inicios de la Ecualización
Década de 1920-1930: Primeras Innovaciones
- **Introducción del Concepto**: La ecualización comenzó a surgir en la era de la radio y la telefonía. Se utilizaban filtros básicos para ajustar las frecuencias y mejorar la claridad de las transmisiones.
- **Primeros Ecualizadores Pasivos**: Se desarrollaron circuitos simples que utilizaban componentes pasivos como resistencias, inductores y condensadores para ajustar ciertas bandas de frecuencia. Estos primeros ecualizadores eran rudimentarios y limitados en su capacidad.

Desarrollo en la Industria del Cine y la Radiodifusión
Década de 1940-1950: Avances Significativos
- **Cine y Radiodifusión**: La necesidad de mejorar la calidad del sonido en películas y emisiones de radio llevó al desarrollo de tecnologías más avanzadas. Los estudios de grabación comenzaron a experimentar con ecualización para mejorar la inteligibilidad del diálogo y la calidad del sonido en general.
- **Ecualizadores Activos**: La introducción de amplificadores operacionales permitió el desarrollo de ecualizadores activos, que ofrecían mayor precisión y control sobre el espectro de frecuencias. Estos

ecualizadores podían realzar o atenuar frecuencias específicas con más eficacia que los modelos pasivos.

La Era del Estudio de Grabación
Década de 1960-1970: Innovaciones Clásicas
- **Pultec EQP-1A**: Uno de los ecualizadores más icónicos, introducido en la década de 1950 y ampliamente utilizado en los años 60. Este ecualizador pasivo es famoso por su cálido sonido y su capacidad única para simultáneamente realzar y atenuar frecuencias en la misma banda, creando un efecto de resonancia.
- **Neve 1073**: Introducido a finales de los 60, este preamplificador con EQ integrado se convirtió en un estándar de la industria por su característico sonido cálido y musical. Su diseño de ecualización paramétrica con bandas de frecuencias ajustables ofrecía una flexibilidad sin precedentes.
- **API 550A**: Otro ecualizador clásico que surgió en esta época, conocido por su diseño de ecualización proporcional y su capacidad para manejar transitorios rápidos sin distorsión, haciendo que sea una elección popular para aplicaciones de batería y percusión.

La Revolución Digital
Década de 1980-1990: Transición a lo Digital
- **Ecualizadores Digitales**: La revolución digital trajo consigo la introducción de ecualizadores digitales, que ofrecían un control mucho más preciso y una mayor flexibilidad que sus contrapartes analógicas. Los primeros ecualizadores digitales eran caros y complicados, pero su capacidad para manipular el audio con precisión los hizo indispensables en estudios profesionales.
- **Software de Producción Musical**: A finales de los 80 y principios de los 90, la aparición de estaciones de trabajo de audio digital (DAWs) como Pro Tools y Cubase incorporó ecualizadores digitales como

herramientas estándar. Esto democratizó el acceso a herramientas avanzadas de ecualización, permitiendo que productores caseros tuvieran acceso a la misma tecnología que los grandes estudios.

Ecualización en la Era Moderna
2000 en Adelante: Innovaciones Continuas

- **Plugins de EQ**: El desarrollo de plugins de ecualización ha explotado, ofreciendo emulaciones precisas de equipos analógicos clásicos así como nuevos diseños innovadores. Plugins como FabFilter Pro-Q y Waves SSL EQ han establecido nuevos estándares en términos de interfaz de usuario, flexibilidad y calidad de sonido.
- **Ecualización Automática y AI**: En la última década, han surgido herramientas que utilizan inteligencia artificial para sugerir o aplicar automáticamente ajustes de ecualización. Productos como iZotope Neutron utilizan análisis avanzados para identificar problemas de frecuencia y proponer soluciones, facilitando el proceso de mezcla para ingenieros y productores de todos los niveles.

La historia de la ecualización es un testimonio de la evolución constante de la tecnología de audio. Desde sus humildes comienzos en la radiodifusión hasta las sofisticadas herramientas digitales de hoy en día, la ecualización ha sido una fuerza impulsora en la producción musical. Su capacidad para mejorar, corregir y dar forma al sonido es esencial para cualquier productor o ingeniero de audio, y continúa siendo un área de innovación y desarrollo. Entender esta evolución no solo enriquece nuestro conocimiento técnico, sino que también nos permite apreciar las herramientas que tenemos a nuestra disposición en la producción musical moderna.

Definición y Propósito: Qué es la Ecualización y Por Qué es Crucial

La ecualización (EQ) es el proceso de ajustar el balance entre las distintas frecuencias de una señal de audio. Esto se logra utilizando un ecualizador, que puede ser un dispositivo hardware o un plugin de software dentro de una estación de trabajo de audio digital (DAW). Los ecualizadores permiten aumentar (realzar) o disminuir (atenuar) la amplitud de frecuencias específicas, permitiendo un control preciso sobre el tono y el carácter de la señal de audio.

Tipos de Ecualizadores
1. **Ecualizador Gráfico**:
   - Presenta varias bandas fijas, cada una con un deslizador para aumentar o disminuir la ganancia en esa banda específica.
   - Utilizado para ajustes rápidos y sencillos.
2. **Ecualizador Paramétrico**:
   - Ofrece un control más detallado con bandas ajustables en frecuencia, ganancia y ancho de banda (Q).
   - Ideal para ajustes precisos y detallados.
3. **Ecualizador Shelving**:
   - Ajusta todas las frecuencias por encima (high shelf) o por debajo (low shelf) de una frecuencia específica.
   - Utilizado comúnmente para ajustes globales de bajos y agudos.
4. **Filtros de Paso Alto y Paso Bajo**:
   - Atenúan todas las frecuencias por debajo (high-pass) o por encima (low-pass) de una frecuencia específica.
   - Utilizados para eliminar ruidos no deseados y controlar el rango de frecuencias.

Propósito de la Ecualización

La ecualización es crucial en la producción musical por varias razones clave:

1. **Mejora de la Calidad del Sonido**:
   - **Realce de Frecuencias Clave**: Mejorar la presencia y claridad de elementos importantes en la mezcla, como las voces y los instrumentos solistas.
   - **Reducción de Frecuencias Problemáticas**: Eliminar o atenuar frecuencias no deseadas que pueden causar problemas como el enmascaramiento de sonidos, zumbidos o resonancias no deseadas.
2. **Creación de Espacio en la Mezcla**:
   - **Separación de Instrumentos**: Ajustar las frecuencias de diferentes instrumentos para que cada uno tenga su propio espacio en el espectro de frecuencias, evitando que se solapen y compitan entre sí.
   - **Balance Tonal**: Mantener un equilibrio adecuado entre los bajos, medios y agudos, asegurando que la mezcla suene completa y bien distribuida en todo el rango de frecuencias.
3. **Corrección de Problemas de Grabación**:
   - **Compensación de Deficiencias del Micrófono**: Cada micrófono tiene su propia respuesta de frecuencia, y la EQ puede compensar las características tonales específicas del micrófono utilizado.
   - **Ajuste de las Condiciones de Grabación**: Los entornos de grabación pueden afectar el sonido. La EQ ayuda a mitigar problemas como las resonancias de la sala o la captación excesiva de ciertas frecuencias.
4. **Control Creativo**:
   - **Efectos Específicos**: Aplicar ecualización para crear efectos específicos, como un sonido más

oscuro, más brillante o con un enfoque particular en ciertas frecuencias.

- o **Estilización del Sonido**: Ajustar las frecuencias para que coincidan con el estilo y el género de la música, desde los graves potentes en la música electrónica hasta los medios claros en la música acústica.

5. **Preparación para la Masterización**:
   - o **Consistencia Tonal**: Asegurar que todas las pistas de un álbum tengan una consistencia tonal, facilitando una transición suave entre canciones.
   - o **Optimización para Diferentes Formatos**: Ajustar las frecuencias para optimizar la reproducción en diferentes formatos y dispositivos, desde altavoces de alta fidelidad hasta auriculares y sistemas de sonido portátiles.

La ecualización es una herramienta esencial en la producción musical, permitiendo a los productores y mezcladores mejorar la calidad del sonido, crear espacio en la mezcla, corregir problemas de grabación y aplicar control creativo. Un dominio adecuado de la ecualización puede transformar una grabación mediocre en una producción profesional y pulida, haciendo que cada elemento de la mezcla suene claro, equilibrado y con carácter. Entender y aplicar correctamente la ecualización es crucial para cualquier persona involucrada en la producción de música.

Bases de la ecualización

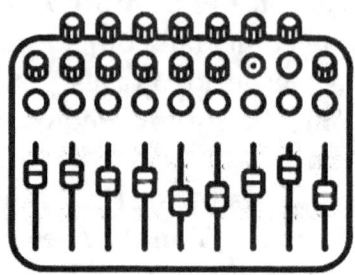

PROPIEDADES DEL SONIDO

Podríamos definir a la ecualización como una forma de lograr un sonido determinado mediante la argumentación o atenuación de ciertas frecuencias en particular o un rango de frecuencias entero. Una ecualización puede hacerse con diversos propósitos, que veremos más adelante con detenimiento. Primero de todo, debemos definir el terreno por el que actúa un ecualizador: el espectro de frecuencias audibles por el ser humano.

Frecuencia

Las frecuencias que podemos percibir los seres humanos entran dentro de un rango limitado. Las frecuencias se generan a partir de la vibración de los materiales y se miden en Hertz. Estas frecuencias son cíclicas, como podemos observar en el siguiente gráfico:

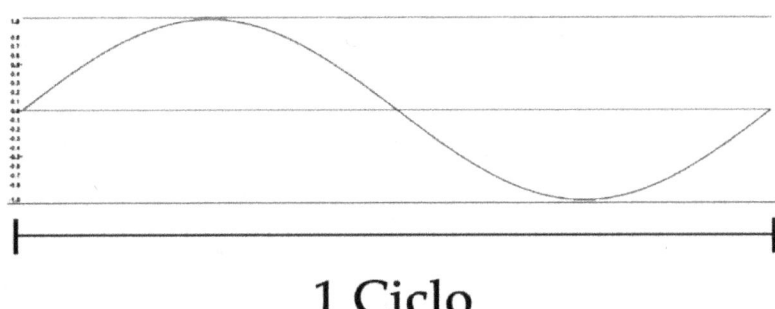

1 Ciclo

Si una onda realiza, por ejemplo, 50 ciclos por segundo, decimos entonces que tiene una frecuencia de 50 Hertz.

50 Ciclos por segundo (50 Hz)

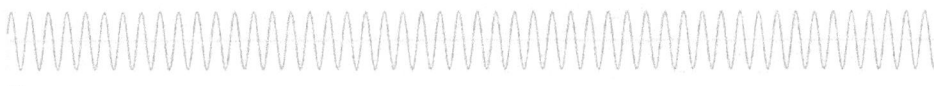

1 Ciclo

Tonalidad

Ahora bien, sabemos que cuantos más Hertz tena una frecuencia, más alta será la tonalidad, más "agudo" o será el sonido resultante. Cuantos menos Hertz, más "grave" será el sonido. Por poner un ejemplo, vemos que el sonido de un platillo de batería puede tener unos 3000 Hz, mientras que el sonido de un bombo de batería, pasaría por los 100 Hz. Menos ciclos por segundo, más grave el sonido, y viceversa.

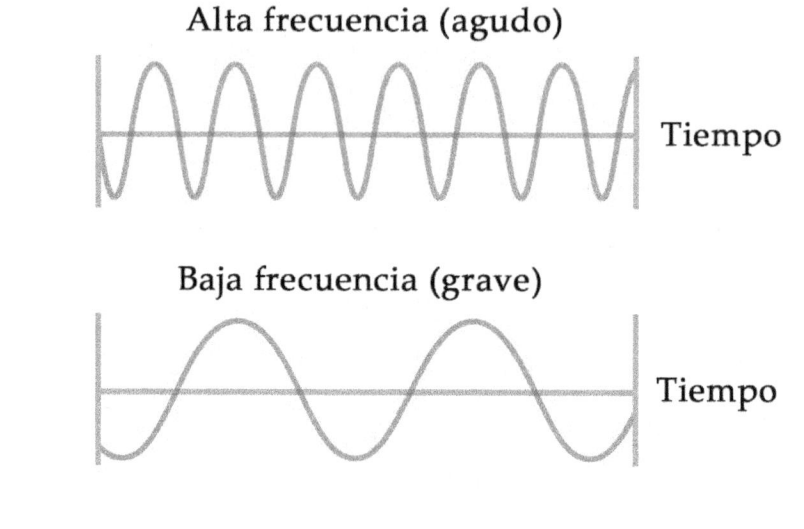

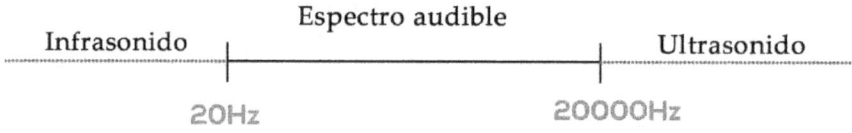

Espectro de frecuencias

El espectro de frecuencias es un rango que abarca todas las frecuencias, graves, medias y agudas. Si pensamos en la ecualización, debemos fijarnos en el espectro de frecuencias que los humanos somos capaces de percibir. Este rango es limitado, más limitado que otras especies animales. Nosotros, los humanos, somos capaces de percibir las frecuencias que van desde los 20 Hz hasta los 20000 Hz aproximadamente. Los ecualizadores trabajan en este rango de frecuencias únicamente, puesto que los sonidos que se escapan de ese rango, por ejemplo, los 40000 Hz, o los 3 Hz, serán imposibles de percibir por el oído humano. Los sonidos que superan el límite audible de 20000 Hz se llaman ultrasonidos, y los que están por debajo del límite de 20 Hz se llaman infrasonidos.

Dentro del espectro audible, encontramos las frecuencias principales de cada sonido, es decir, las frecuencias graves, medias y agudas:

B1: Bajo profundo
B2: Bajo grave
B3: Bajo medio
B4: Bajo alto
M1: Medios bajos
M2: Medios
M3: Medios altos
M4: Presencia
A1: Agudos
A2: Altos agudos

Cómo actúa un ecualizador

La base con la que trabaja un EQ es el conjunto de frecuencias de un determinado sonido, por ejemplo la grabación de una guitarra. El sonido grabado, con todas sus frecuencias, es la base con la que trabajaremos. Obviamente, el

EQ puede usarse no sólo en grabaciones de instrumentos aislados, sino también en canciones o composiciones musicales, grabaciones de voz, o cualquier otro sonido que queramos usar.

El método de acción de un EQ es el aumento o la disminución de determinadas frecuencias aisladas o de un rango entero de frecuencias. Por ejemplo, podemos realizar un realce en la frecuencia 2000 Hz, o bien podemos realzar las frecuencias que van desde los 1500 Hz hasta los 2500 Hz. El resultado será distinto y cumplirá la función que nosotros queramos para el sonido para lograr un efecto deseado. En la siguiente imagen vemos que se ha aumentado la frecuencias alrededor de 250 Hz, vemos que el EQ empieza a actuar alrededor de los 50 Hz y termina a los 1000 Hz aproximadamente.

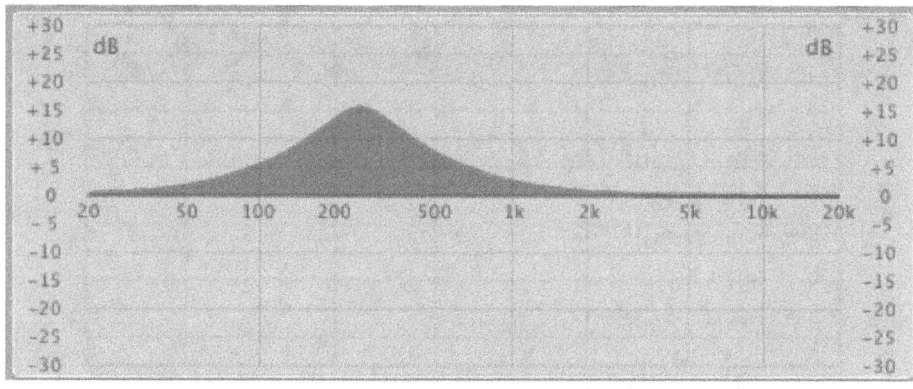

En cambio, en la siguiente imagen vemos que el EQ actúa sólo en la frecuencia 250 Hz sin afectar a las frecuencias que la rodean. Lo mismo se aplicaría a una reducción de frecuencia (cut).

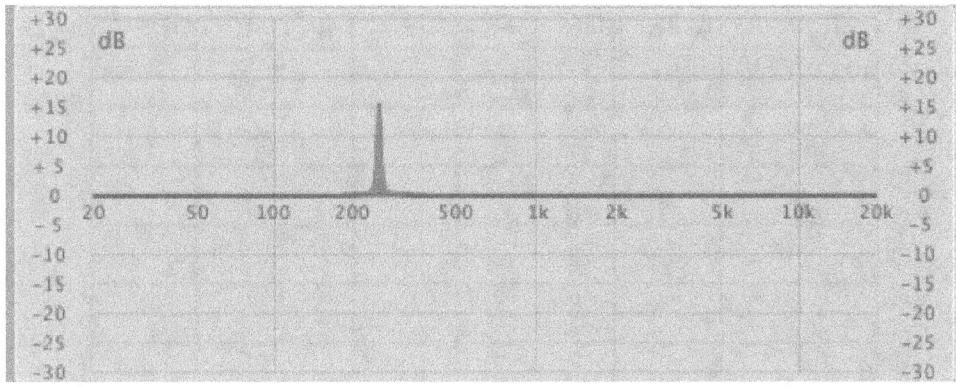

La medida para aumentar o reducir frecuencias es el Decibelio (Db). En los gráficos anteriores vemos que el boost o aumento fue de 15 Db.

TIPOS DE ECUALIZADORES

Existen distintos tipos de EQ, aquí veremos los principales:

EQ Gráfico

Están formados por muchos sliders deslizadores que aumentan o disminuyen cada uno una frecuencia fija. (algunas unidades tienen 32 deslizadores, otras tienen más, otras tienen menos). Los ecualizadores gráficos no se utilizan tanto en los canales (como los otros ecualizadores) como en las salidas principales de una consola mezcladora en una situación real para resolver cualquier problema específico que se presente. También se pueden utilizar para ayudar a compensar los problemas conocidos sincronización. No poseen mucha flexibilidad debido a que carecen de varias opciones que poseen otros tipos más avanzados de EQ. A continuación vemos un EQ gráfico:

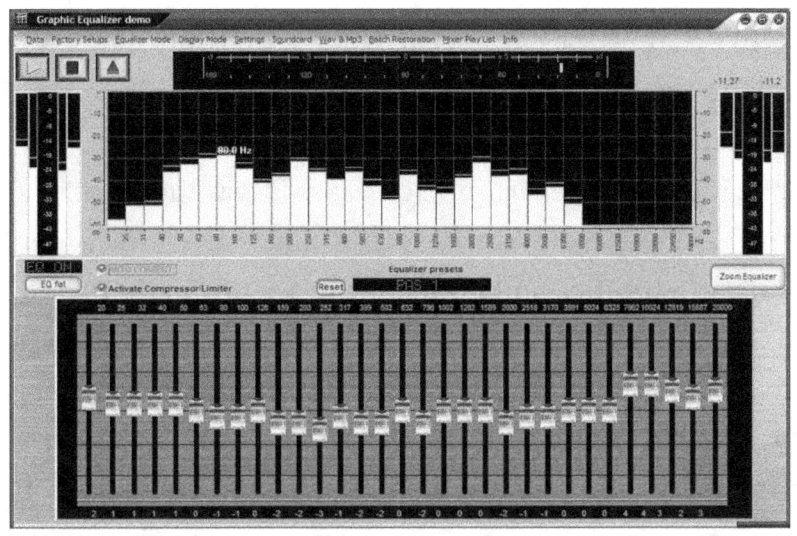

Un ecualizador gráfico presenta un conjunto de bandas de frecuencia fijas, cada una con un deslizador que permite aumentar o disminuir la ganancia en esa banda específica. Este tipo de ecualizador es conocido por su facilidad de uso y su representación visual clara, lo que permite realizar ajustes rápidos y efectivos. Los ecualizadores gráficos son ideales para aplicaciones en vivo y para usuarios que prefieren una configuración visualmente intuitiva. Cada deslizador corresponde a una frecuencia fija, y al moverlos hacia arriba o hacia abajo, se incrementan o reducen las frecuencias en esos puntos. Aunque ofrecen menos precisión que los ecualizadores paramétricos, los ecualizadores gráficos son muy efectivos para ajustes rápidos y correcciones generales.

Ecualizador Paramétrico

El ecualizador paramétrico ofrece un control mucho más detallado y flexible sobre el sonido. A diferencia del ecualizador gráfico, las bandas de frecuencia en un ecualizador paramétrico no son fijas. En su lugar, se pueden ajustar en tres parámetros principales: frecuencia central, ganancia (amplificación o atenuación) y ancho de banda (Q). Esta capacidad de ajustar con precisión cada banda de frecuencia permite una manipulación minuciosa del espectro de audio, haciéndolo ideal para aplicaciones en estudios de grabación profesionales. Los ecualizadores paramétricos permiten a los usuarios identificar y corregir problemas específicos en el sonido, como resonancias no deseadas o frecuencias que necesitan realce, con un nivel de detalle inigualable por otros tipos de ecualización.

El ecualizador paramétrico es el tipo de ecualizador más preciso y versátil, ya que permite seleccionar la frecuencia central que queremos ecualizar, el ancho de banda (Q) y la ganancia. También hay ecualizadores paramétricos multibanda, el más común es el ecualizador paramétrico de 4 bandas. También es el ecualizador más complejo de todos y puede ser difícil de configurar cuando no se dispone de una representación gráfica (hardware analógico).

Este ecualizador puede utilizarse como filtro para eliminar o atenuar frecuencias no deseadas, ruido o interferencias. Estos problemas suelen ocurrir en un determinado rango de frecuencia, por lo que un ecualizador paramétrico es ideal para este propósito.

La ecualización se realiza a través de diferentes tipos de ecualizadores, cada uno diseñado para cumplir funciones específicas y ofrecer un control preciso sobre el espectro de frecuencias. A continuación, se describen los tipos más comunes de ecualización utilizados en la producción musical.

Ecualizador Shelving

Los ecualizadores shelving son diseñados para ajustar todas las frecuencias por encima (high shelf) o por debajo (low shelf) de una frecuencia específica. Este tipo de ecualización es extremadamente útil para realizar ajustes globales en los extremos del espectro de frecuencia. Por ejemplo, un ecualizador de high shelf puede aumentar o disminuir todas las frecuencias por encima de un punto determinado, lo que es útil para añadir brillo a una mezcla. Por otro lado, un ecualizador de low shelf puede controlar las frecuencias bajas, añadiendo profundidad o reduciendo el exceso de graves. Los ecualizadores shelving son esenciales para equilibrar la tonalidad general de una mezcla y ajustar el carácter tonal de una pista de manera global y eficaz.

Filtros de Paso Alto y Paso Bajo

Los filtros de paso alto (high-pass) y paso bajo (low-pass) son herramientas cruciales para controlar el rango de frecuencias de una señal de audio. Un filtro de paso alto atenúa todas las frecuencias por debajo de un punto de corte específico, permitiendo que solo las frecuencias superiores pasen. Esto es útil para eliminar ruidos de baja frecuencia, como el ruido del aire acondicionado o los golpes de pie en el micrófono. Por otro lado, un filtro de paso bajo atenúa todas las frecuencias por encima de un punto de corte, permitiendo que solo las frecuencias más bajas pasen. Este tipo de filtro es ideal para eliminar el ruido de alta frecuencia y el siseo no deseado. Ambos tipos de filtros son fundamentales para limpiar una mezcla y garantizar que solo las frecuencias deseadas estén presentes, mejorando la claridad y la calidad general del sonido.

Cada tipo de ecualizador tiene su propio conjunto de características y aplicaciones específicas, desde los ajustes rápidos y visuales del ecualizador gráfico hasta el control detallado del ecualizador paramétrico y los ajustes globales de los ecualizadores shelving. Los filtros de paso alto y paso bajo juegan un papel crucial en la limpieza del sonido, eliminando frecuencias no deseadas y mejorando la claridad de la mezcla. Comprender y utilizar estos diferentes tipos de ecualización es esencial para cualquier productor o ingeniero de audio que busque crear mezclas bien equilibradas y profesionales.

ECUALIZADORES ANALÓGICOS Y DIGITALES

La ecualización, una herramienta fundamental en la producción musical, ha evolucionado significativamente desde sus inicios. Con el avance de la tecnología, hoy en día se pueden encontrar ecualizadores tanto analógicos como digitales, cada uno con sus propias características y ventajas. A continuación, exploramos las diferencias clave entre estos dos tipos de ecualizadores y sus respectivas características.

Ecualizadores Analógicos

Los ecualizadores analógicos son los pioneros en el mundo de la ecualización. Utilizan componentes electrónicos físicos como resistencias, condensadores y bobinas para manipular el espectro de frecuencias de una señal de audio. Estos ecualizadores son conocidos por su sonido cálido y musical, resultado de la coloración y las distorsiones armónicas que añaden los componentes analógicos.

Una de las principales características de los ecualizadores analógicos es su simplicidad en el diseño y la interfaz de usuario. Muchos ecualizadores analógicos clásicos, como el Neve 1073 o el Pultec EQP-1A, ofrecen controles sencillos pero efectivos que permiten ajustes rápidos y precisos. La interacción física con perillas y botones también proporciona una experiencia táctil que muchos ingenieros de sonido encuentran intuitiva y satisfactoria.

El sonido de un ecualizador analógico puede variar ligeramente de una unidad a otra, incluso dentro del mismo modelo, debido a las tolerancias de los componentes electrónicos. Esta variabilidad puede añadir un carácter único a cada mezcla, lo que es altamente valorado en producciones musicales que buscan una firma sonora distintiva. Sin embargo, los ecualizadores analógicos pueden ser costosos y requieren mantenimiento regular, como la calibración y el reemplazo de componentes desgastados.

Ecualizadores Digitales

Con el advenimiento de la tecnología digital, los ecualizadores digitales han ganado popularidad debido a su precisión y flexibilidad. A diferencia de sus contrapartes analógicos, los ecualizadores digitales utilizan algoritmos matemáticos para procesar la señal de audio. Esto permite una manipulación extremadamente precisa de las frecuencias y una mayor versatilidad en los ajustes.

Una de las mayores ventajas de los ecualizadores digitales es su capacidad para ofrecer configuraciones detalladas y complejas. Los ecualizadores digitales modernos, como el FabFilter Pro-Q3 o el iZotope Neutron EQ, ofrecen interfaces gráficas avanzadas que permiten a los usuarios visualizar y ajustar el espectro de frecuencias en tiempo real. Estas herramientas proporcionan un nivel de control inigualable, permitiendo ajustes específicos que serían difíciles de lograr con un ecualizador analógico.

Además, los ecualizadores digitales pueden incluir características adicionales como la ecualización dinámica, la capacidad de trabajar en modo multibanda y la integración de funciones de análisis espectral. Estas características expanden enormemente las posibilidades de procesamiento de audio, haciendo que los ecualizadores digitales sean extremadamente versátiles y adecuados para una amplia variedad de aplicaciones en la producción musical.

Otra ventaja significativa de los ecualizadores digitales es su consistencia. A diferencia de los ecualizadores analógicos, que pueden variar debido a las tolerancias de los componentes, los ecualizadores digitales ofrecen resultados consistentes cada vez que se utilizan. Además, los ecualizadores digitales son más accesibles en términos de costo y no requieren el mantenimiento físico que los equipos analógicos demandan.

Comparación y Uso en Producción Musical

En la práctica, la elección entre un ecualizador analógico y uno digital a menudo depende del contexto y de las preferencias personales del ingeniero de sonido. Los ecualizadores analógicos son preferidos cuando se busca añadir carácter y calidez a la señal, aprovechando las cualidades musicales y la coloración inherente de los componentes analógicos. Son ideales para situaciones donde se desea un sonido distintivo y cálido, especialmente en la mezcla de instrumentos acústicos y voces.

Por otro lado, los ecualizadores digitales son la elección preferida cuando se necesita precisión y flexibilidad. Son ideales para la corrección de problemas específicos de frecuencia, la aplicación de ecualización dinámica y la realización de ajustes detallados en la mezcla. La capacidad de visualizar y ajustar el espectro de frecuencias en tiempo real facilita un control exacto y eficiente, lo que es crucial en las etapas de mezcla y masterización.

En muchos estudios de grabación, se utilizan ambos tipos de ecualizadores en conjunto para aprovechar las ventajas de cada uno. Por ejemplo, un ecualizador analógico puede ser utilizado en la etapa de grabación para añadir carácter y calidez, mientras que un ecualizador digital puede ser utilizado en la mezcla y masterización para ajustes precisos y detallados.

Los ecualizadores analógicos y digitales ofrecen diferentes ventajas y características que los hacen adecuados para diversas aplicaciones en la producción musical. Los ecualizadores analógicos son valorados por su sonido cálido y musical, mientras que los ecualizadores digitales destacan por su precisión y versatilidad. Entender las diferencias y saber cuándo utilizar cada tipo de ecualizador puede mejorar significativamente la calidad de las producciones musicales, permitiendo a los ingenieros de sonido y productores obtener el mejor resultado posible en cada proyecto.

Ecualizadores digitales

Los ecualizadores digitales son aquellos que pueden ser usados como programas o plugins en forma de software. Trabajan puramente con datos digitales, con la señal que ya había sido convertida desde analógica a digital durante el proceso de grabación.

Los EQ digitales pueden tener más flexibilidad, y alcanzar más decibelios en los aumentos o cortes de frecuencia. En general, producen menos ruido, ya que se liberan de trabajar con aparatos eléctricos físicos. Tienen mucha más precisión que los analógicos y pueden ser fácilmente manejables, permitiendo guardar los parámetros en forma de presets para utilizarlos en otros proyectos. Una desventaja que poseen los EQ digitales, es que muchas veces pueden sonar demasiado "fríos", pues los EQ analógicos poseen siempre una señal coloreada por los componentes físicos, lo que agrega a la señal un tono cálido y robusto.

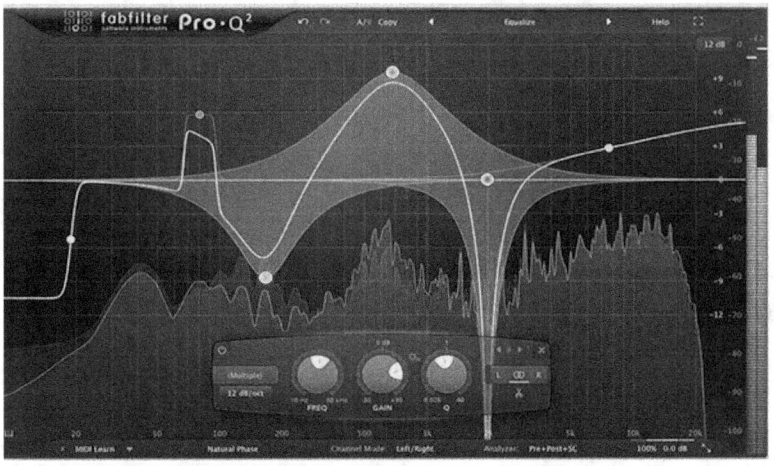

Ejemplo de un EQ digital dentro de un programa informático.

Ecualizadores analógicos

Son aquellos construidos sobre componentes electrónicos físicos. Pueden ser pasivos o activos. Los pasivos pasan la señal por componentes electrónicos pasivos como capacitores o inductores, presentan una señal con muy poco ruido, y otorgan un sonido especial y agradable, con un color particular, son más costosos que los activos.

Los EQ activos generan una señal que puede presentar un poco más de ruido, y tienden a ser mucho más baratos.

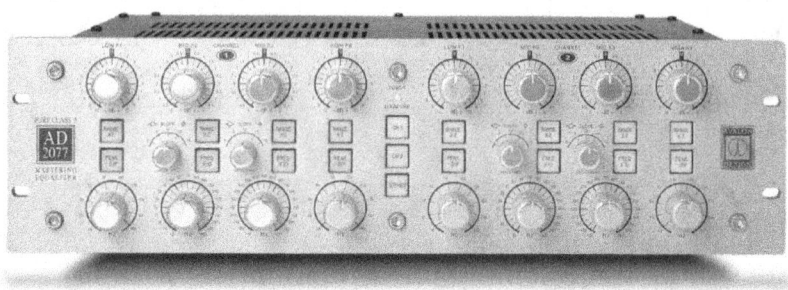

Hoy en día, los ecualizadores digitales han avanzado mucho en su tecnología a tal punto que pueden igualar la calidad del sonido de los EQ analógicos, a un precio más barato.

Frecuencias fundamentales

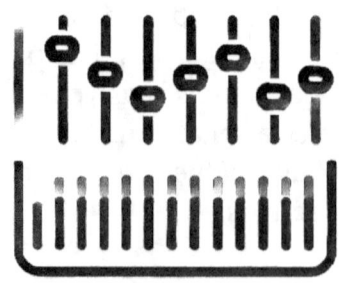

Rango de Frecuencias: Sub-bajos, Bajos, Medios, Altos y Agudos

El espectro de frecuencias de audio abarca desde las frecuencias más bajas, que apenas son audibles, hasta las frecuencias más altas, que pueden ser difíciles de percibir para el oído humano. Este espectro se divide en varias bandas o rangos de frecuencias, cada una con sus características y funciones específicas en la música y el sonido.

Sub-bajos (20 Hz - 60 Hz)

Los sub-bajos son las frecuencias más bajas en el espectro de audio. Estas frecuencias proporcionan el fundamento profundo y el "peso" de una mezcla. Son fundamentales para géneros como la música electrónica y el hip-hop, donde el impacto y la presencia de los sub-bajos son cruciales. Elementos como los subgraves en el bombo y los sintetizadores de bajos profundos caen en este rango. Aunque no siempre son claramente audibles, los sub-bajos se sienten más que se oyen, y un manejo adecuado de estas frecuencias puede añadir una poderosa sensación de profundidad a la música.

Bajos (60 Hz - 250 Hz)

El rango de los bajos abarca desde los sub-bajos hasta los graves superiores. Estas frecuencias son esenciales para proporcionar el cuerpo y la calidez en una mezcla. Instrumentos como el bajo eléctrico, el bombo de la batería y ciertos sintetizadores tienen sus frecuencias fundamentales en este rango. Un realce adecuado de los bajos puede dar solidez y potencia a una pista, pero es importante evitar el exceso de estas frecuencias, ya que puede hacer que la mezcla suene "embarrada" o "boomy". Un control cuidadoso de los bajos es crucial para mantener la claridad y el balance tonal en una producción musical.

Medios (250 Hz - 2 kHz)

Las frecuencias medias son el núcleo del espectro de audio. En este rango se encuentran muchas de las frecuencias fundamentales de instrumentos y voces, lo que lo convierte en un área crucial para la inteligibilidad y la claridad. Las frecuencias medias bajas (250 Hz - 500 Hz) añaden calidez y cuerpo, pero en exceso pueden hacer que la mezcla suene opaca o congestionada. Las frecuencias medias altas (500 Hz - 2 kHz) son importantes para la presencia y definición. Demasiado énfasis en este rango puede resultar en un sonido nasal o áspero, mientras que una falta de medios puede hacer que la mezcla suene distante o sin vida. Un manejo adecuado de las frecuencias medias es esencial para asegurar que todos los elementos de la mezcla sean audibles y estén bien definidos.

Altos (2 kHz - 6 kHz)

El rango de los altos es donde se encuentra mucha de la definición y claridad de los instrumentos y las voces. Estas frecuencias son cruciales para la articulación y el ataque de los sonidos. Los elementos percusivos, como la caja de la batería y las consonantes en la voz, tienen componentes importantes en este rango. Realzar las frecuencias altas puede añadir brillo y claridad, haciendo que la mezcla suene más abierta y definida. Sin embargo, un exceso de altos puede causar fatiga auditiva y hacer que la mezcla suene dura o chillona. Es importante encontrar un equilibrio que mantenga la claridad sin introducir asperezas.

Agudos (6 kHz - 20 kHz)

Las frecuencias agudas son las más altas en el espectro de audio y añaden aire y brillo a la mezcla. Este rango incluye las frecuencias que añaden "aire" y "sparkle" a los sonidos, lo que es especialmente importante para instrumentos como platillos, cuerdas y voces. Los agudos contribuyen a la sensación de espacio y detalle en una mezcla, proporcionando una sensación de apertura y definición. Sin embargo, es importante usar estas frecuencias con moderación, ya que un exceso puede introducir sibilancias y hacer que la mezcla suene artificial o excesivamente brillante.

Frecuencias Fundamentales y Armónicos: Cómo Afectan el Sonido

En la producción musical, comprender las frecuencias fundamentales y los armónicos es crucial para manipular y mejorar la calidad del sonido. Las frecuencias fundamentales y los armónicos forman la base del timbre y la percepción tonal de cualquier sonido musical. Este conocimiento permite a los ingenieros y productores tomar decisiones informadas sobre la ecualización, mezcla y masterización.

Frecuencias Fundamentales

La frecuencia fundamental es la frecuencia más baja y dominante de una onda sonora. Representa el tono básico de una nota musical y determina la altura (pitch) percibida del sonido. Por ejemplo, cuando se toca una nota "A" en un piano, la frecuencia fundamental es 440 Hz. Esta frecuencia es la que la mayoría de las personas identifican como la nota "A".

Las frecuencias fundamentales son cruciales porque son la base del tono que escuchamos y que da identidad a cada nota. Cuando ecualizamos, a menudo trabajamos para resaltar o atenuar la frecuencia fundamental de un instrumento para asegurar que se escuche claramente en la mezcla. Por ejemplo, en una grabación de voz, la frecuencia fundamental puede estar en el rango de 85 Hz a 255 Hz, dependiendo del género y la voz del cantante. Manipular esta frecuencia puede hacer que la voz suene más clara y presente.

Armónicos

Los armónicos, también conocidos como sobretonos, son frecuencias que se encuentran por encima de la frecuencia fundamental. Estos son múltiplos enteros de la frecuencia fundamental. Por ejemplo, si la frecuencia fundamental de una nota es 100 Hz, los armónicos serían 200 Hz (segundo armónico), 300 Hz (tercer armónico), 400 Hz (cuarto armónico), y así sucesivamente.

Los armónicos juegan un papel esencial en la definición del timbre de un sonido. El timbre es lo que nos permite distinguir entre diferentes instrumentos tocando la misma nota. Por ejemplo, un violín y una flauta pueden tocar la misma nota con la misma frecuencia fundamental, pero el violín tiene una serie de armónicos diferentes en amplitud y número comparado con la flauta, lo que les da sus características tonales únicas.

Manipular los armónicos mediante ecualización puede cambiar el carácter de un sonido. Por ejemplo, al realzar los armónicos superiores de una guitarra acústica, podemos añadir brillo y presencia, haciendo que destaque más en la mezcla. Por otro lado, atenuar ciertos armónicos puede suavizar el sonido, eliminando resonancias no deseadas o asperezas.

Interacción entre Frecuencias Fundamentales y Armónicos

La interacción entre las frecuencias fundamentales y los armónicos es lo que da vida y complejidad a la música. Un balance adecuado entre estas frecuencias es crucial para una mezcla bien equilibrada. Si las frecuencias fundamentales son demasiado fuertes en relación con los armónicos, el sonido puede parecer "embarrado" o sin definición. Por el contrario, si los armónicos son demasiado prominentes, el sonido puede parecer delgado y carecer de cuerpo.

En la práctica de la ecualización, los ingenieros a menudo ajustan tanto las frecuencias fundamentales como los armónicos para lograr el equilibrio deseado. Por ejemplo, en una mezcla de bajo, puede ser necesario atenuar ligeramente la frecuencia fundamental para dejar espacio para otros instrumentos, mientras que se realzan algunos armónicos para mantener la claridad y definición del bajo.

Aplicaciones Prácticas

1. **Voces**: Manipular las frecuencias fundamentales de la voz puede mejorar su presencia y claridad. Al mismo

tiempo, realzar ciertos armónicos puede añadir brillo y aire, haciendo que la voz destaque más en la mezcla sin volverse áspera o sibilante.

2. **Instrumentos de Cuerda**: Los armónicos superiores son cruciales para la riqueza tonal de los instrumentos de cuerda como guitarras y violines. Ajustar estos armónicos mediante ecualización puede ayudar a resaltar la textura y el detalle del sonido.

3. **Percusión**: En instrumentos de percusión, las frecuencias fundamentales proporcionan el "golpe" inicial, mientras que los armónicos añaden el timbre y la resonancia. Ecualizar ambos aspectos puede ayudar a lograr un sonido percusivo más impactante y bien definido.

Las frecuencias fundamentales y los armónicos son componentes esenciales del sonido que afectan significativamente el timbre y la calidad tonal. Comprender cómo interactúan y cómo pueden ser manipulados mediante ecualización es vital para cualquier productor o ingeniero de sonido. Este conocimiento permite realizar ajustes precisos que mejoran la claridad, presencia y carácter de los elementos individuales en una mezcla, resultando en una producción musical más profesional y equilibrada.

Para empezar a ecualizar correctamente, debemos tener conocimiento del concepto de frecuencias fundamentales. Cada instrumento tiene un rango de frecuencias dominante. Conociendo este rango, podremos saber el lugar que tiene cada instrumento en la mezcla y por lo tanto ecualizaremos para resaltar esas frecuencias dominantes o fundamentales. Si quitamos a un instrumento sus frecuencias fundamentales, es probable que éste quede con un sonido plano y aburrido.

El objetivo primario es evitar que unos instrumentos solapen a otros con sus frecuencias, y a través del EQ podremos dar a cada instrumento su lugar en la mezcla. Por ejemplo: cuando vemos que una guitarra tiene demasiadas frecuencias graves, estas frecuencias pueden solapar a las del bajo, creando un exceso de graves y una mezcla sobrecargada. Entonces quitaremos as frecuencias graves de la guitarra sin afectar sus frecuencias fundamentales.

Antes de grabar

Un consejo importante es elegir qué instrumentos usaremos. Elegiremos pues instrumentos que puedan adaptarse a otros en el rango de frecuencias, sin que sus fundamentales compitan demasiado unas contra otras.

Si no existe opción de elegir o quitar instrumentos, podemos arreglar entonces el sonido en la mezcla, quitando las frecuencias que compiten unas contra otras.

Aquí vemos una gráfica de las frecuencias fundamentales de cada instrumento: úsala como guía y orientación, ten en cuenta que en el proceso de mezcla no existen leyes fijas, siempre puedes experimentar y cambiar parámetros según te dicte tu creatividad o la canción en concreto en la que estás trabajando.

Instrumento	Fundamental	Armónicos
Flauta	261-2349	3-8 KHz
Oboe	261-1568	2-12 KHz
Clarinete	165-1568	2-10 KHz
Fagot	62-587	1-7 KHz
Trompeta	165-988	1-7.5 KHz
Trombón	73-587	1-4 KHz
Tuba	49-587	1-4 KHz
Tambor	100-200	1-20 KHz
Bombo	30-147	1-6 KHz
Platillos	300-587	1-15 KHz
Violín	196-3136	4-15 KHz
Viola	131-1175	2-8.5 KHz
Cello	65-698	1-6.5 KHz
Bajo acústico	41-294	1-5KHz
Bajo eléctrico	41-300	1-7 KHz
Guitarra acústica	82-988	1-15 KHz
Guitarra eléctrica (amplif.)	82-1319	1-3.5 KHz
Guitarra eléctrica (directa)	82-1319	1-15 KHz
Piano	28-4196	5-8 KHz
Saxo Soprano	247-1175	2-12 KHz
Saxo alto	175-698	2-12 KHz
Saxo tenor	131-494	1-12 KHz
Cantante	87-392	1-12 KHz

FRECUENCIAS QUE AÑADEN CARÁCTER A UN INSTRUMENTOS

Los próximos pasos en la ecualización es **buscar ciertas frecuencias que crean cierto carácter** en los instrumentos. Esto nos ayudará a **encontrar el sonido que buscamos** en la canción o pieza musical. ¿Qué haremos para que una guitarra suene con más "cuerpo? ¿Qué haremos para que una voz suene con más "aire"?

Cada instrumento posee ciertas **frecuencias que le otorgan cierto carácter único,** "crispy", "brillante", "presente", "punchy" (para las baterías), etcétera.

No existen las recetas universales para esto, pero sí existen guías de frecuencias para cada instrumento que pueden ayudarte a encontrar ese sonido buscado. Aquí podrás ver una **tabla con las frecuencias mágicas** de cada sonido:

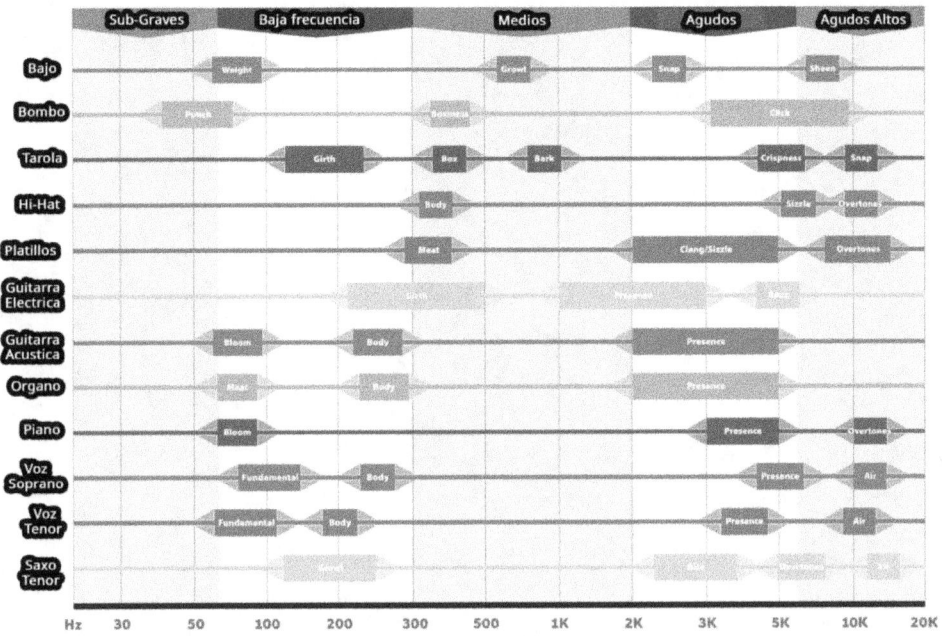

Técnicas de ecualización

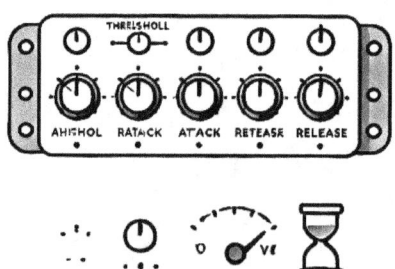

Curvas de EQ: Q Ancho y Estrecho, Tipos de Curva

En la ecualización de audio, las curvas de EQ juegan un papel crucial en la forma en que se ajustan las frecuencias. Estas curvas determinan cómo se aplica el realce o la atenuación a diferentes partes del espectro de frecuencias y pueden variar en términos de ancho (Q) y tipo de curva. Comprender las diferencias entre Q ancho y estrecho, así como los diferentes tipos de curva, es esencial para realizar ajustes precisos y efectivos en la ecualización.

Q Ancho y Estrecho

El parámetro Q, también conocido como "factor de calidad", define el ancho de la banda de frecuencias afectadas por el ajuste de EQ. Un Q alto (estrecho) significa que la banda de frecuencias afectadas es muy específica y limitada, lo que permite ajustes precisos en un rango muy concreto. Esto es ideal para situaciones en las que necesitas corregir una resonancia problemática o un pico específico sin afectar las frecuencias adyacentes. Por ejemplo, si hay una frecuencia particular que causa zumbido o resonancia no deseada en una grabación, un Q estrecho permite reducir esa frecuencia exacta sin alterar el resto del espectro de audio.

Por otro lado, un Q bajo (ancho) afecta una gama más amplia de frecuencias alrededor de la frecuencia central seleccionada. Esto es útil para realizar ajustes más generales y suaves en el tono de una señal. Por ejemplo, si deseas aumentar la calidez de una guitarra acústica, puedes usar un Q ancho para realzar una amplia banda de frecuencias bajas y medias, lo que proporciona un cambio tonal más natural y musical. Un Q ancho es ideal para ajustes que buscan cambiar el carácter general de un sonido sin introducir artefactos o cambios abruptos.

Tipos de Curva

Las curvas de EQ no solo varían en ancho sino también en la forma. Los principales tipos de curva incluyen la curva de campana, las curvas shelving y los filtros de paso.

La **curva de campana** es la más común y se utiliza en ecualizadores paramétricos. Esta curva permite aumentar o disminuir una banda de frecuencias centrada alrededor de una frecuencia específica, y su forma puede ser ajustada para ser más ancha o más estrecha. Las curvas de campana son extremadamente versátiles y se utilizan para una variedad de ajustes, desde realzar frecuencias específicas para añadir presencia a una pista vocal hasta atenuar resonancias molestas en instrumentos de cuerda.

Las **curvas shelving** son utilizadas para ajustar todas las frecuencias por encima o por debajo de una frecuencia específica. Un high shelf realza o atenúa todas las frecuencias por encima del punto de corte, mientras que un low shelf afecta todas las frecuencias por debajo del punto de corte. Las curvas shelving son particularmente útiles para realizar ajustes globales en los extremos del espectro de frecuencias, como añadir brillo y aire a una mezcla con un high shelf o eliminar el ruido de baja frecuencia con un low shelf.

Los **filtros de paso** son otro tipo de curva que se utiliza para eliminar completamente todas las frecuencias por encima (low-pass) o por debajo (high-pass) de un punto de corte específico. Los filtros de paso alto se utilizan comúnmente para eliminar el rumble de baja frecuencia en grabaciones vocales, mientras que los filtros de paso bajo pueden eliminar el hiss de alta frecuencia o los ruidos indeseados en grabaciones de instrumentos.

Aplicaciones Prácticas

En la práctica, elegir el tipo de curva y el Q adecuado depende del problema que se intenta resolver y del efecto deseado. Por ejemplo, al ecualizar una pista de batería, puedes usar una curva de campana con un Q estrecho para reducir una resonancia no deseada en el tom de piso, y una curva de campana con un Q ancho para realzar el punch del bombo en el rango de 60-80 Hz.

Al mezclar voces, puedes utilizar un high shelf para añadir brillo y presencia, ajustando la curva para que realce suavemente las frecuencias por encima de 8 kHz. Si la voz tiene un zumbido de baja frecuencia, un filtro de paso alto con un punto de corte ajustado a 100 Hz puede limpiar el sonido sin afectar las frecuencias fundamentales.

En la masterización, los ecualizadores de curvas shelving y las curvas de campana con Q anchos son particularmente útiles para ajustar el balance tonal general de una mezcla, asegurando que todas las pistas se integren armoniosamente.

Comprender las curvas de EQ, incluyendo las diferencias entre Q ancho y estrecho y los diferentes tipos de curva, es esencial para realizar ajustes efectivos en la ecualización de audio. Este conocimiento permite a los ingenieros de sonido y productores tomar decisiones precisas y bien informadas, mejorando la calidad tonal y la claridad de sus mezclas. La capacidad de seleccionar y ajustar adecuadamente la curva de EQ correcta puede marcar una gran diferencia en la calidad final de una producción musical, permitiendo lograr un sonido profesional y bien equilibrado.

TÉCNICA DE ECUALIZACIÓN DE CAMPANA O BELL

La ecualización bell, o de campana, es una forma de aumentar o disminuir un rango alrededor de una frecuencia central. Como podemos observar en la siguiente imagen, se aumenta la frecuencia central y las frecuencias que la rodean se aumentan progresivamente. Esto crea una ecualización equilibrada.

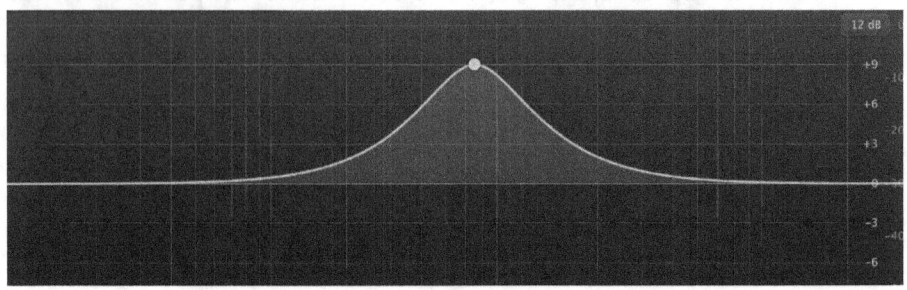

En este tipo de EQ, tenemos un factor llamado factor Q. El factor Q va a determinar la anchura o estrechez de la campana. Si la Q de la campana es alta, entonces la forma de la campana es muy estrecha y afilada. Si la Q es baja, la curva es ancha y el sonido es más suave. En esta imagen vemos una imagen con un factor **Q alto**:

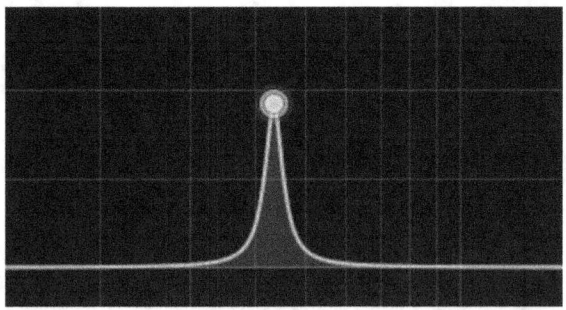

Ahora veremos una campana con un factor **Q bajo**:

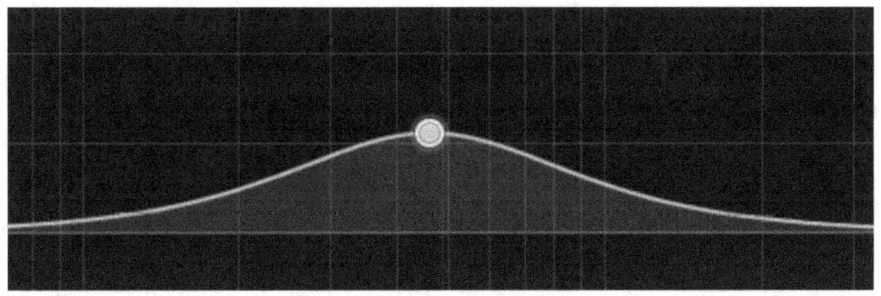

Aumentaremos o reduciremos el factor Q dependiendo de cuán grande queramos el rango de frecuencias, para aumentarlo o cortarlo (disminuirlo). Las campanas estrechar crearán ecualizaciones más cortantes y abruptas, recomendadas cuando tengamos que reparar alguna frecuencia pequeña y concreta. Las Q de campana ancha nos servirán para realizar ecualizaciones más sutiles y menos definidas, para aumentar un grupo de frecuencias y darle un carácter general al sonido. Esto nos da un sonido más "redondo" y "cálido".

Recuerda que también se utiliza esto para recortes de frecuencias (cut). Una pequeña gran regla de la ecualización es la siguiente: "siempre es mejor recortar (disminuir), que aumentar (boostear)."

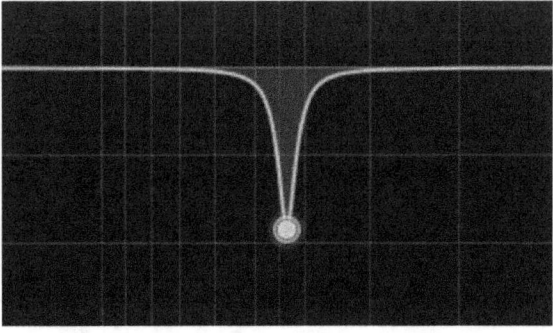

TÉCNICA DE ECUALIZACIÓN DE SHELVING

Un ecualizador Shelving atenúa o aumenta las frecuencias **por encima o por debajo de un punto de corte específico**.

Los ecualizadores Shelving vienen en dos variedades diferentes: **paso alto y paso bajo**.

Los filtros limitadores de **paso bajo** pasan todas las frecuencias por debajo de una frecuencia de corte especificada, mientras que atenúan todas las frecuencias por encima de la frecuencia de corte. Un filtro de **Paso Alto** hace lo contrario, pasando todas las frecuencias por encima de la frecuencia de corte especificada mientras atenúa todo lo que hay debajo.

Vemos que el filtro paso alto deja pasar todas las frecuencias altas y quita las frecuencias graves. Como vemos, el corte no es abrupto, sino que en general se utiliza una curva para que la transición no sea brusca.

El paso alto se usa generalmente para recortar frecuencias de bajo profundo que puedan molestar en la mezcla. También se usa para corregir vibraciones o interferencias de baja frecuencia.

Filtro de Paso Bajo (low pass):

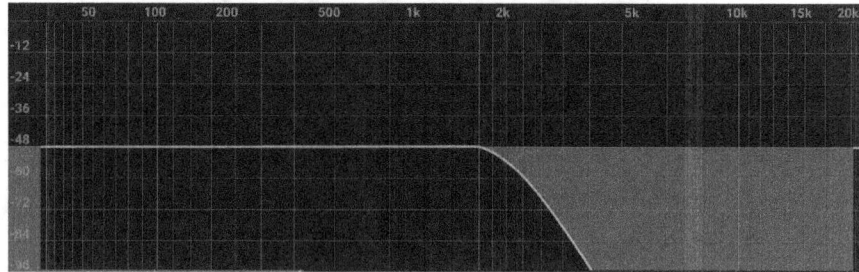

Filtro de Paso alto (high pass):

Vemos que en el caso del paso bajo, atenuamos las frecuencias altas y dejamos pasar el resto. El paso bajo se usa para reducir por ejemplo, el siseo, las sibilancias, las filtraciones de otros instrumentos en la grabación, o quitar frecuencias agudas a instrumentos que no las necesitan, como un bajo. También podemos aumentar o boostear las frecuencias usando estos filtros.

PROCEDIMIENTO PARA ECUALIZAR UN SONIDO

Cuando ya hubiésemos asimilado las distintas partes y elementos de un EQ, ahora podremos empezar a utilizarlos.

Pasos para comenzar a ecualizar:

1- Primero debes **reconocer qué frecuencias fundamentales existen en los instrumentos**, y una vez reconocidas, puedes empezar a **discernir qué frecuencias necesitan atenuarse y cuáles necesitan priorizarse** en cada pista. Reconociendo y reduciendo las frecuencias que sobran o que no necesitamos, podremos dar un espacio a la mezcla muy importante para que todos los instrumentos tengan su lugar.

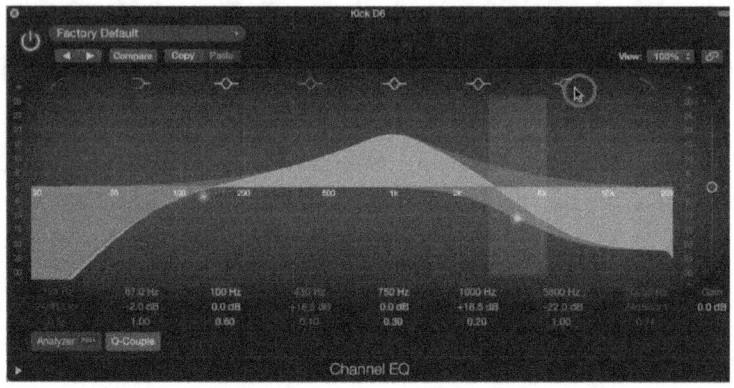

2- Como paso siguiente, veremos y **pensaremos en qué sonido queremos conseguir**. ¿Cómo queremos que suene la mezcla? **¿Qué estilo queremos darle al sonido** en general y a los instrumentos en particular? Podríamos decir "quiero que esta guitarra suene más brillante", o "quiero que el bajo se escucha más distorsionado", o "quiero que a canción tenga un sonido ochentero y pop". Debemos comenzar a precisar qué es lo que queremos conseguir y qué deberíamos hacer para lograrlo.

3. Ahora que tenemos todo esto claro, podemos empezar a pasar a la acción. Lo primero que suele hacerse es **quitar y disminuir las frecuencias que no necesitamos** y que interfieren con otros instrumentos. Por ejemplo: quitar frecuencias graves de una guitarra, quitar las frecuencias medias-altas de un bajo, o limpiar a la batería de frecuencias molestas o disonantes. Estas acciones debes **discernirlas tú mismo** basándote en la canción que estés mezclando. Con este paso vamos a poder: Dar espacio a los instrumentos, corregir frecuencias molestas, limpiar los instrumentos de frecuencias que no aportan nada al sonido.

4. Una vez que tengamos los instrumentos "limpios", ahora podremos comenzar a hacer pequeños ajustes, aumentando y boosteando frecuencias que queremos resaltar en cada instrumento. Por ejemplo, podríamos querer resaltar la presencia de una voz, entonces aumentaríamos ligeramente las frecuencias alrededor de los 5000 Hz.

Consejo útil: en la ecualización, no es recomendable exagerar las boost o aumentos de frecuencias. Es mejor realizar los aumentos con sutileza y cuidado. **Siempre es preferible reducir a aumentar.** Siempre debemos basarnos en qué acciones debemos tomar para lograr el sonido que queremos. Por ejemplo: Si queremos que un bombo de batería suene con más "punch", entonces podríamos fijarnos en aumentar ligeramente las frecuencias alrededor de los 50 Hz.

ECUALIZADORES GRÁFICOS: CÓMO Y CUÁNDO UTILIZARLOS

Los ecualizadores gráficos son una herramienta fundamental en la ecualización de audio, ampliamente utilizados tanto en estudios de grabación como en entornos de sonido en vivo. Su diseño y funcionalidad los hacen especialmente útiles para ciertos tipos de ajustes y aplicaciones. A continuación, se describen en detalle cómo funcionan los ecualizadores gráficos, cómo utilizarlos de manera efectiva y en qué situaciones son más apropiados.

Cómo Funcionan los Ecualizadores Gráficos

Un ecualizador gráfico divide el espectro de frecuencias en varias bandas fijas, cada una con un deslizador que permite aumentar (boost) o disminuir (cut) la ganancia de esa banda específica. Los ecualizadores gráficos típicamente tienen un número fijo de bandas, como 10, 15 o 31, que cubren todo el espectro de audio, desde los graves hasta los agudos.

Cada deslizador del ecualizador gráfico controla una banda de frecuencia específica. Por ejemplo, en un ecualizador gráfico de 31 bandas, cada deslizador afecta una banda de aproximadamente un tercio de octava. Esto permite realizar ajustes precisos y detallados en el balance de frecuencias de la señal de audio.

Cómo Utilizar los Ecualizadores Gráficos

1. **Ajuste Inicial**:

   o Comienza con todos los deslizadores en la posición de cero dB, lo que significa que no se está aplicando ninguna ecualización.

   o Escucha la señal de audio y determina qué frecuencias necesitan ajuste. Esto puede incluir la reducción de frecuencias problemáticas o el realce de frecuencias deseadas.

2. **Identificación de Problemas de Frecuencia**:

   o Utiliza técnicas de barrido de frecuencias para identificar problemas específicos. Sube un deslizador en particular para resaltar una banda de frecuencia y escucha si el problema se vuelve más evidente. Luego, ajusta ese deslizador hacia abajo para reducir la frecuencia problemática.

3. **Realce y Atenuación**:

   o Realiza ajustes incrementales, moviendo los deslizadores de forma moderada. Un cambio de 3 a 6 dB suele ser suficiente para hacer una diferencia notable sin introducir distorsión o artefactos no deseados.

   o Evita realzar múltiples bandas en exceso, ya que esto puede introducir ruido y desequilibrios en la mezcla.

4. **Escucha Crítica y Ajustes Finitos**:

   o Después de realizar los ajustes iniciales, escucha la mezcla completa para asegurarte de que los cambios mejoren el sonido sin crear nuevos problemas.

   o Haz ajustes finos según sea necesario, asegurándote de mantener un balance tonal coherente.

Cuando Utilizar los Ecualizadores Gráficos

1. **Corrección de Problemas en Entornos de Sonido en Vivo**:

o Los ecualizadores gráficos son especialmente útiles en aplicaciones de sonido en vivo, donde es crucial ajustar rápidamente las frecuencias para adaptarse a las características acústicas de una sala o para controlar el feedback.

o Pueden ser utilizados para ajustar el sonido de un sistema de PA (Public Address) para asegurarse de que la audiencia recibe un sonido claro y equilibrado.

2. **Ajustes Globales en Mezclas y Subgrupos**:

o En el estudio de grabación, los ecualizadores gráficos son útiles para realizar ajustes globales en mezclas completas o en subgrupos de instrumentos.

o Por ejemplo, se pueden utilizar para ajustar el balance tonal de una mezcla estéreo antes de la masterización, asegurando que todos los elementos de la mezcla se integren de manera coherente.

3. **Realce de Características Tonales en Instrumentos**:

o Los ecualizadores gráficos pueden ser utilizados para realzar características tonales específicas de instrumentos individuales.

o Por ejemplo, se pueden realzar los armónicos superiores de una guitarra acústica para añadir brillo y presencia, o reducir las frecuencias medias bajas de un bajo eléctrico para evitar que suene "embarrado".

4. **Control de Frecuencias No Deseadas**:

   o Son efectivos para cortar frecuencias no deseadas que pueden causar problemas en la mezcla, como zumbidos, resonancias y ruidos de baja frecuencia.

   o Esto es particularmente útil en grabaciones donde el entorno de grabación no es ideal y hay ruidos ambientales que necesitan ser atenuados.

Ejemplos Prácticos

1. **Sonido en Vivo**:

   o Durante un concierto, un ingeniero de sonido puede utilizar un ecualizador gráfico para ajustar rápidamente el sistema de PA y eliminar frecuencias problemáticas que están causando feedback.

   o Ajustar los deslizadores correspondientes a las frecuencias de feedback hasta que el sonido sea claro y sin resonancias no deseadas.

2. **Grabación en Estudio**:

   o En la mezcla de una canción, un ecualizador gráfico puede ser utilizado en el bus maestro para ajustar el balance tonal general, realzando ligeramente las frecuencias agudas para añadir brillo y atenuando las frecuencias bajas para reducir el "boominess".

3. **Postproducción**:

   o En la postproducción de audio para video, un ecualizador gráfico puede ser utilizado para ajustar las pistas de diálogo, asegurando que las voces sean claras y sin frecuencias que distraigan, como ruidos de fondo o resonancias de la sala.

Los ecualizadores gráficos son herramientas poderosas y versátiles que permiten a los ingenieros de sonido y productores realizar ajustes precisos y efectivos en el balance de frecuencias de una señal de audio. Su facilidad de uso y capacidad para realizar ajustes rápidos los hacen indispensables en aplicaciones de sonido en vivo, mientras que su precisión los hace valiosos en entornos de grabación y mezcla en estudio. Comprender cómo y cuándo utilizar los ecualizadores gráficos es esencial para lograr mezclas bien equilibradas y profesionales.

ECUALIZADORES PARAMÉTRICOS: VERSATILIDAD Y PRECISIÓN

Los ecualizadores paramétricos son herramientas de procesamiento de audio extremadamente poderosas, conocidas por su versatilidad y precisión. A diferencia de los ecualizadores gráficos, los paramétricos ofrecen un control detallado sobre tres parámetros clave: frecuencia central, ganancia y ancho de banda (Q). Esta flexibilidad permite a los ingenieros de sonido ajustar con precisión el espectro de frecuencias de una señal de audio, lo que los convierte en una opción preferida en estudios de grabación y entornos de mezcla profesionales.

Características de los Ecualizadores Paramétricos

Control de Frecuencia Central:

- Los ecualizadores paramétricos permiten seleccionar cualquier frecuencia dentro del rango de audio (generalmente de 20 Hz a 20 kHz) como punto central para la manipulación. Esto significa que los usuarios no están limitados a bandas de frecuencia predefinidas y pueden enfocar exactamente las áreas que necesitan ajuste.

Control de Ganancia:

- La ganancia se puede aumentar (boost) o disminuir (cut) en la frecuencia seleccionada. Los ecualizadores paramétricos suelen ofrecer un amplio rango de ajuste de ganancia, permitiendo realces o atenuaciones precisas para moldear el sonido de manera efectiva.

Control del Ancho de Banda (Q):

- El parámetro Q determina cuán amplia o estrecha es la banda de frecuencias afectada alrededor de la frecuencia central. Un Q alto (estrecho) afecta una gama de frecuencias muy específica, ideal para eliminar resonancias o picos no deseados. Un Q bajo (ancho) afecta una gama más amplia, útil para ajustes más generales y suaves en el tono.

Versatilidad de los Ecualizadores Paramétricos

Corrección Precisa de Problemas de Frecuencia:

- Los ecualizadores paramétricos son ideales para identificar y corregir problemas específicos en una mezcla, como picos de resonancia, ruidos no deseados o frecuencias que compiten entre sí. Su capacidad para ajustar finamente el Q permite la eliminación de problemas sin afectar las frecuencias adyacentes.

Manejo de Frecuencias Específicas de Instrumentos:

- Cada instrumento tiene su propia firma de frecuencia. Con un ecualizador paramétrico, los ingenieros pueden realzar las características tonales deseadas de cada instrumento, como el brillo de una guitarra acústica, la claridad de una voz o el punch de un bombo.

Flexibilidad en la Mezcla:

- Los ecualizadores paramétricos son altamente flexibles y pueden ser utilizados en cualquier etapa de la producción musical, desde la grabación hasta la mezcla y la masterización. Pueden ayudar a crear espacio en la mezcla, asegurando que cada elemento tenga su propio lugar en el espectro de frecuencias sin interferencias.

Aplicaciones Creativas:

- Más allá de la corrección técnica, los ecualizadores paramétricos permiten aplicaciones creativas, como la creación de efectos especiales. Por ejemplo, pueden ser utilizados para hacer barridos de frecuencia, enfatizar o de-enfatizar ciertas partes de una pista para crear dinámicas y movimientos en la música.

Precisión de los Ecualizadores Paramétricos

Ajuste Minucioso:

- La capacidad de seleccionar exactamente qué frecuencias ajustar y cómo hacerlo con precisión milimétrica es lo que distingue a los ecualizadores paramétricos. Esta precisión es crucial en la mezcla y masterización, donde incluso pequeños ajustes pueden tener un impacto significativo en el sonido final.

Análisis y Visualización:

- Muchos ecualizadores paramétricos modernos vienen con interfaces gráficas que permiten visualizar el espectro de frecuencias en tiempo real. Esto facilita la identificación de problemas y la aplicación de ajustes precisos, haciendo que el proceso de ecualización sea más intuitivo y efectivo.

Compatibilidad con Técnicas Avanzadas:

- Los ecualizadores paramétricos son compatibles con técnicas avanzadas de procesamiento de audio, como la ecualización dinámica, que permite ajustar las frecuencias en función de la amplitud de la señal en tiempo real, proporcionando un control aún mayor sobre la dinámica y el tono.

Ejemplos Prácticos de Uso

1. **Ecualización de Voces:**

    o **Identificación de Frecuencias Problemáticas:** Utiliza un Q alto para identificar y cortar resonancias nasales o sibilancias en la voz.

    o **Realce de Presencia:** Aplica un realce con un Q moderado alrededor de 3-5 kHz para mejorar la claridad y presencia de la voz en la mezcla.

2. **Mezcla de Batería:**

    o **Punch del Bombo:** Realza con un Q bajo alrededor de 60-80 Hz para añadir cuerpo y profundidad.

o **Definición de la Caja**: Aumenta con un Q moderado en el rango de 200-250 Hz y otro realce en 5-7 kHz para añadir presencia y ataque.

3. **Corrección de Problemas en la Mezcla**:

   o **Eliminación de Hum**: Utiliza un Q alto para cortar frecuencias de 50-60 Hz y eliminar zumbidos eléctricos.

   o **Reducción de Acoples**: Identifica y atenúa frecuencias específicas que causan retroalimentación (feedback) en entornos en vivo.

Los ecualizadores paramétricos son herramientas esenciales en la producción musical debido a su versatilidad y precisión. Permiten ajustes detallados y específicos que son cruciales para obtener mezclas limpias, equilibradas y profesionales. Ya sea para corregir problemas de frecuencia, mejorar características tonales o aplicar efectos creativos, los ecualizadores paramétricos proporcionan el control necesario para transformar cualquier pista de audio en una obra maestra sonora. Su uso eficaz requiere una comprensión sólida de cómo afectan el espectro de frecuencias y la habilidad para aplicar esos conocimientos de manera práctica y creativa.

Ecualizadores Shelving: Aplicaciones Prácticas

Los ecualizadores shelving son una herramienta esencial en la producción musical, conocidos por su capacidad para ajustar todas las frecuencias por encima o por debajo de un punto de corte específico. Este tipo de ecualización es particularmente útil para realizar ajustes globales en los extremos del espectro de frecuencias, proporcionando un control eficaz y flexible sobre los bajos y los agudos. A continuación, exploramos las aplicaciones prácticas de los ecualizadores shelving y cómo utilizarlos para mejorar tus mezclas.

Definición y Funcionamiento de los Ecualizadores Shelving

Un ecualizador shelving afecta todas las frecuencias por encima (high shelf) o por debajo (low shelf) de una frecuencia determinada. Los controles típicos de un ecualizador shelving incluyen:

- **Frecuencia de Corte**: El punto en el espectro de frecuencias donde comienza el ajuste.

- **Ganancia**: La cantidad de realce o atenuación aplicada a las frecuencias por encima o por debajo del punto de corte.

Estos ecualizadores son especialmente útiles para realizar ajustes amplios y naturales, ya que afectan un rango amplio de frecuencias en lugar de una banda estrecha.

Aplicaciones Prácticas de los Ecualizadores Shelving

1. Ajuste de la Respuesta de Graves (Low Shelf)

Aplicación:

- **Aumento de Profundidad y Potencia**: Realzar las frecuencias bajas puede añadir profundidad y poder a instrumentos como el bajo y el bombo.

- **Reducción de Rumble**: Atenuar las frecuencias muy bajas puede eliminar ruidos no deseados y resonancias de baja frecuencia que pueden ensuciar la mezcla.

Cómo Usarlo:

- **Frecuencia de Corte**: Ajusta alrededor de 60-100 Hz para realzar o atenuar las frecuencias graves.

- **Ganancia**: Aumenta la ganancia para añadir peso a los graves o redúcela para limpiar el sonido.

Ejemplo:

- En una mezcla de batería, un low shelf puede usarse para realzar el bombo, añadiendo cuerpo y potencia. Ajusta la frecuencia de corte a 80 Hz y aumenta la ganancia para lograr el efecto deseado.

2. Ajuste de la Respuesta de Agudos (High Shelf)

Aplicación:

- **Aumento de Brillo y Claridad**: Realzar las frecuencias altas puede añadir brillo y claridad a voces, guitarras, platillos y otros instrumentos de alta frecuencia.

- **Reducción de Sibilancia**: Atenuar las frecuencias altas puede reducir la sibilancia en las voces y los sonidos ásperos en otros instrumentos.

Cómo Usarlo:

- **Frecuencia de Corte**: Ajusta alrededor de 6-10 kHz para realzar o atenuar las frecuencias altas.

- **Ganancia**: Aumenta la ganancia para añadir brillo o redúcela para suavizar el sonido.

Ejemplo:

- En una pista vocal, un high shelf puede usarse para añadir aire y presencia. Ajusta la frecuencia de corte a 8 kHz y aumenta ligeramente la ganancia para resaltar las frecuencias altas sin añadir aspereza.

3. Ajuste Global de la Mezcla

Aplicación:

- **Balance Tonal General**: Utiliza ecualizadores shelving para equilibrar la respuesta de graves y agudos de la mezcla completa, asegurando que suene bien en una variedad de sistemas de reproducción.

- **Corrección de Problemas Acústicos**: Compensa las deficiencias acústicas de la sala de mezcla o del entorno de grabación.

Cómo Usarlo:

- **Frecuencia de Corte**: Ajusta según las necesidades específicas de la mezcla, generalmente entre 50-100 Hz para graves y 6-10 kHz para agudos.

- **Ganancia**: Realiza ajustes sutiles para evitar cambios drásticos en la tonalidad.

Ejemplo:

- Al final de una mezcla, puedes usar un low shelf para atenuar ligeramente las frecuencias por debajo de 60 Hz, reduciendo el rumble y limpiando el sonido, y un high shelf para realzar las frecuencias por encima de 10 kHz, añadiendo brillo y aire a la mezcla completa.

4. Adaptación de Pistas Individuales

Aplicación:

- **Instrumentos Solistas**: Ajusta las frecuencias altas para añadir presencia a instrumentos solistas como guitarras y voces.

- **Secciones Rítmicas**: Realza los graves en secciones rítmicas para añadir impacto y presencia.

Cómo Usarlo:

- **Frecuencia de Corte**: Determina la frecuencia de corte basada en el rango del instrumento específico.

- **Ganancia**: Ajusta la ganancia para lograr el efecto deseado sin exagerar.

Ejemplo:

- En una guitarra eléctrica, usa un high shelf para añadir brillo y claridad, ajustando la frecuencia de corte a 7 kHz y aumentando ligeramente la ganancia.

Consideraciones y Consejos

- **Moderación en los Ajustes**: Realiza ajustes de ganancia con moderación para evitar cambios abruptos en la tonalidad.

- **Escucha Crítica**: Siempre escucha los cambios en contexto con la mezcla completa para asegurarte de que los ajustes mejoren el sonido general.

- **Uso Combinado**: Combina los ecualizadores shelving con otros tipos de ecualización, como paramétrica, para un control más preciso y detallado.

Los ecualizadores shelving son herramientas versátiles y potentes en la producción musical, ideales para realizar ajustes amplios y naturales en los extremos del espectro de frecuencias. Ya sea para añadir profundidad a los graves, brillo a los agudos, o equilibrar el tono general de una mezcla, los ecualizadores shelving ofrecen un control eficaz y flexible. Comprender cómo y cuándo utilizarlos te permitirá mejorar significativamente la calidad y claridad de tus mezclas, logrando un sonido más profesional y pulido.

FILTROS DE PASO ALTO Y PASO BAJO: ELIMINACIÓN DE FRECUENCIAS NO DESEADAS

Los filtros de paso alto (high-pass) y paso bajo (low-pass) son herramientas esenciales en la ecualización de audio, utilizados principalmente para eliminar frecuencias no deseadas y limpiar la señal de audio. Estos filtros permiten un control preciso sobre el rango de frecuencias que se desea mantener en la mezcla, mejorando la claridad y la calidad general del sonido. A continuación, se detallan las características y aplicaciones prácticas de los filtros de paso alto y paso bajo.

Definición y Funcionamiento

Filtro de Paso Alto (High-Pass Filter, HPF):

- **Función**: Permite que las frecuencias por encima de un punto de corte específico pasen sin atenuación, mientras que las frecuencias por debajo de ese punto son reducidas.

- **Uso Común**: Eliminar ruidos de baja frecuencia, como el rumble de micrófono, el ruido de manejo o las resonancias de baja frecuencia.

Filtro de Paso Bajo (Low-Pass Filter, LPF):

- **Función**: Permite que las frecuencias por debajo de un punto de corte específico pasen sin atenuación, mientras que las frecuencias por encima de ese punto son reducidas.

- **Uso Común**: Eliminar ruidos de alta frecuencia, como el hiss, el ruido de fondo o las resonancias no deseadas en los agudos.

Aplicaciones Prácticas de los Filtros de Paso Alto

1. Limpieza de Pistas Vocales

Aplicación:

- **Eliminación de Rumble**: Los micrófonos a menudo capturan ruidos de baja frecuencia, como el sonido del aire acondicionado o el movimiento del pie. Un filtro de paso alto puede eliminar estos ruidos sin afectar la claridad de la voz.

Cómo Usarlo:

- **Frecuencia de Corte**: Ajusta entre 80-120 Hz, dependiendo de la voz y el contexto. Para voces femeninas o más agudas, el punto de corte puede ser más alto (alrededor de 100-150 Hz).

Ejemplo:

- En una pista vocal, aplica un filtro de paso alto con un punto de corte a 100 Hz para eliminar el rumble y otros ruidos de baja frecuencia, manteniendo la claridad de la voz.

2. Limpieza de Grabaciones de Instrumentos

Aplicación:

- **Eliminación de Resonancias de Baja Frecuencia**: Los instrumentos acústicos y eléctricos pueden tener resonancias indeseadas en las frecuencias bajas que pueden ensuciar la mezcla.

Cómo Usarlo:

- **Frecuencia de Corte**: Ajusta según el rango del instrumento. Para guitarras acústicas, entre 80-120 Hz; para guitarras eléctricas, entre 60-100 Hz.

Ejemplo:

- En una guitarra acústica, aplica un filtro de paso alto a 80 Hz para eliminar el ruido de manejo y cualquier resonancia indeseada de baja frecuencia.

3. Mejorar la Definición de la Batería

Aplicación:

- **Separación de Elementos**: Aplicar filtros de paso alto a los micrófonos de overhead y a los platillos para eliminar frecuencias bajas que no son necesarias y evitar el enmascaramiento de otras partes de la batería.

Cómo Usarlo:

- **Frecuencia de Corte**: Ajusta entre 100-200 Hz para overheads y platillos, asegurando que se mantengan las frecuencias necesarias.

Ejemplo:

- En los micrófonos de overhead de una batería, aplica un filtro de paso alto a 150 Hz para limpiar las frecuencias bajas y mejorar la claridad de los platillos y los elementos de alta frecuencia.

Aplicaciones Prácticas de los Filtros de Paso Bajo

1. Eliminación de Hiss y Ruidos de Alta Frecuencia

Aplicación:

- **Reducción de Ruido**: En grabaciones con ruido de fondo de alta frecuencia, un filtro de paso bajo puede ayudar a reducir estos ruidos sin afectar las frecuencias bajas y medias.

Cómo Usarlo:

- **Frecuencia de Corte**: Ajusta entre 8-12 kHz, dependiendo de la cantidad de ruido y la naturaleza del audio.

Ejemplo:

- En una grabación de voz con hiss de alta frecuencia, aplica un filtro de paso bajo a 10 kHz para reducir el ruido sin perder la claridad de la voz.

2. Control de Brillo en Instrumentos Agudos

Aplicación:

- **Suavizar Sonidos Ásperos**: Los instrumentos agudos como violines, flautas y ciertos sintetizadores pueden beneficiarse de un filtro de paso bajo para reducir la aspereza y suavizar el sonido.

Cómo Usarlo:

- **Frecuencia de Corte**: Ajusta entre 10-15 kHz, dependiendo del instrumento y del efecto deseado.

Ejemplo:

- En una pista de violín que suena demasiado brillante y áspera, aplica un filtro de paso bajo a 12 kHz para suavizar el sonido y reducir la aspereza.

3. Mejora de la Mezcla General

Aplicación:

- **Balance de Frecuencias**: En la mezcla final, los filtros de paso bajo pueden ser utilizados para controlar el exceso de brillo en la mezcla general, asegurando un balance tonal adecuado.

Cómo Usarlo:

- **Frecuencia de Corte**: Ajusta según la necesidad, típicamente entre 15-20 kHz para una atenuación suave de las frecuencias más altas.

Ejemplo:

- En la mezcla final, aplica un filtro de paso bajo a 18 kHz para reducir sutilmente el brillo excesivo y lograr un balance tonal más cohesivo.

Consejos y Consideraciones

- **Moderación en los Ajustes**: Realiza ajustes de frecuencia de corte con moderación para evitar la eliminación excesiva de frecuencias necesarias.

- **Escucha en Contexto**: Siempre escucha los cambios en el contexto de la mezcla completa para asegurarte de que los ajustes mejoren la calidad general del sonido.

- **Uso Combinado**: Los filtros de paso alto y paso bajo pueden ser combinados con otros tipos de ecualización para un control más detallado y efectivo.

Los filtros de paso alto y paso bajo son herramientas esenciales para la eliminación de frecuencias no deseadas y la mejora de la claridad y calidad de la señal de audio. Utilizados correctamente, pueden limpiar la mezcla, eliminar ruidos no deseados y mejorar la definición de los elementos individuales. Comprender cómo y cuándo utilizar estos filtros es crucial para cualquier productor o ingeniero de sonido que busque lograr un sonido profesional y pulido en sus producciones musicales.

Ecualización Correctiva y creativa

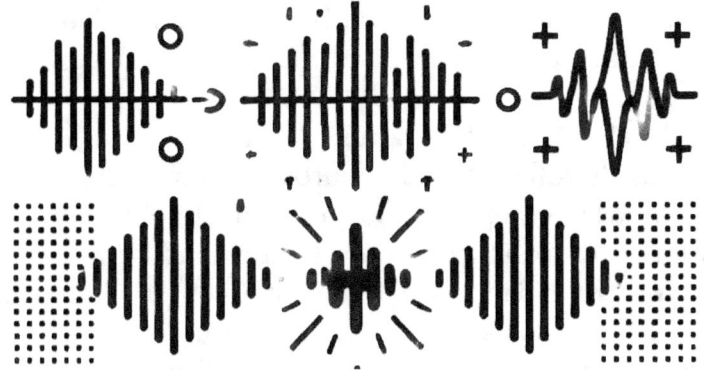

Ecualización Correctiva vs. Creativa: Diferencias y Cuándo Usar Cada Una

La ecualización (EQ) es una herramienta esencial en la producción musical, utilizada para ajustar el balance de frecuencias en una señal de audio. Sin embargo, la ecualización se puede dividir en dos enfoques principales: correctiva y creativa. Cada enfoque tiene sus propios objetivos y técnicas, y es fundamental comprender las diferencias entre ellos y cuándo es apropiado usar cada uno para obtener los mejores resultados en una mezcla.

Ecualización Correctiva

La ecualización correctiva se enfoca en solucionar problemas específicos en una señal de audio para mejorar la claridad y la calidad del sonido. Este tipo de ecualización es más técnica y precisa, y su objetivo principal es eliminar o atenuar frecuencias no deseadas que pueden afectar negativamente la mezcla. Los problemas que se abordan con la ecualización correctiva incluyen resonancias, zumbidos, ruidos de fondo y enmascaramiento de frecuencias.

Por ejemplo, durante la grabación de una voz, puede haber un zumbido de baja frecuencia causado por el ruido de fondo o el manejo del micrófono. Un filtro de paso alto se puede aplicar para eliminar estas frecuencias bajas no deseadas sin afectar la claridad de la voz. Asimismo, si hay una resonancia molesta en una guitarra acústica, un ecualizador paramétrico con un Q estrecho puede usarse para identificar y reducir esa frecuencia específica.

La ecualización correctiva también se utiliza para equilibrar las frecuencias de diferentes elementos en una mezcla para evitar que se enmascaren entre sí. Por ejemplo, si el bombo y el bajo compiten en el mismo rango de frecuencias, se puede atenuar ligeramente una banda de frecuencias en uno de ellos para permitir que ambos suenen claros y definidos. En resumen, la ecualización correctiva es crucial para limpiar y clarificar la mezcla, asegurando que cada elemento tenga su propio espacio en el espectro de frecuencias.

Ecualización Creativa

Por otro lado, la ecualización creativa se utiliza para dar forma y carácter al sonido, añadiendo color y estilo a la mezcla. Este enfoque es más subjetivo y se centra en realzar las características tonales de los instrumentos y las voces para lograr un sonido más atractivo y musical. La ecualización creativa puede involucrar el realce de frecuencias para añadir brillo, calidez o presencia, así como la atenuación para suavizar el sonido o crear efectos especiales.

Por ejemplo, al mezclar una pista de guitarra eléctrica, se puede usar un high shelf para añadir brillo y claridad a las frecuencias altas, haciendo que la guitarra suene más viva y presente. Del mismo modo, se puede realzar la región de 3-5 kHz en una pista vocal para mejorar la presencia y la definición, asegurando que la voz destaque en la mezcla. La ecualización creativa también puede incluir el uso de filtros de paso bajo para dar un efecto de "lo-fi" a ciertos elementos, reduciendo las frecuencias altas para crear un sonido más oscuro y retro.

La ecualización creativa no se limita a corregir problemas, sino que busca mejorar y personalizar el sonido para que se ajuste a la visión artística del productor o ingeniero de sonido. Este enfoque permite experimentar con diferentes ajustes de frecuencia para encontrar el tono perfecto y crear una mezcla que sea única y atractiva.

Cuando Usar Cada Enfoque

El uso de la ecualización correctiva y creativa depende del contexto y del estado de la mezcla. Generalmente, la ecualización correctiva se aplica primero para solucionar cualquier problema técnico y asegurar que todos los elementos suenen claros y equilibrados. Una vez que la mezcla está limpia y sin problemas, se puede proceder con la ecualización creativa para dar forma al sonido y añadir el carácter deseado.

Por ejemplo, en una sesión de mezcla, se puede comenzar identificando y atenuando cualquier resonancia no deseada en las pistas individuales, eliminando ruidos de fondo y asegurando que no haya enmascaramiento de frecuencias. Una vez que estos problemas han sido abordados, se puede pasar a realzar frecuencias específicas para añadir brillo a las guitarras, presencia a las voces y calidez a los bajos, logrando una mezcla equilibrada y musical.

En algunos casos, ambos enfoques pueden ser necesarios de manera iterativa. Por ejemplo, después de aplicar ecualización creativa para realzar ciertas frecuencias, puede ser necesario realizar ajustes correctivos adicionales para asegurar que los cambios no introduzcan nuevos problemas. El equilibrio entre ecualización correctiva y creativa es crucial para lograr una mezcla profesional y pulida.

La ecualización correctiva y creativa son enfoques complementarios que juegan roles cruciales en la producción musical. La ecualización correctiva se utiliza para solucionar problemas técnicos y limpiar la mezcla, mientras que la ecualización creativa da forma y carácter al sonido. Comprender cuándo y cómo utilizar cada enfoque permite a los productores e ingenieros de sonido crear mezclas claras, equilibradas y musicalmente atractivas. La combinación efectiva de ambos enfoques es esencial para lograr una producción musical de alta calidad.

ECUALIZACIÓN CORRECTIVA

Antes de entrar en los aspectos técnicos y en los procedimientos de ecualización, debemos primero definir los dos principales métodos posibles que un ecualizador puede realizar. El primero de los dos es la Ecualización correctiva. Utilizaremos este método cuando necesitemos reparar un sonido, corregir frecuencias molestas o disonantes, adaptar un sonido a un determinado ambiente, compensar una mala grabación, o retocar frecuencias para hacer que un sonido suene más natural.

Reparación de un sonido

Esto sucede cuando encontramos defectos en el mismo que puedan afectar al resultado deseado. Por ejemplo, una grabación puede presentar un ruido de fondo molesto, interferencias, sonidos externos no deseados, o incluso mal funcionamiento de los instrumentos o equipo de grabación. Entonces buscaremos aquella frecuencia que sea la "culpable" del efecto no deseado, y trataremos de reducirla o atenuarla, sin afectar el sonido natural de la grabación. En los capítulos posteriores veremos cómo realizar esto usando las técnicas de ecualización.

Adaptar un sonido a un ambiente deseado

Si, por ejemplo, la grabación se efectuó en una sala que presenta una acústica mala o defectuosa, causando frecuencias molestas, exageradas o extrañas, entonces trataremos de encontrar aquellas frecuencias afectadas por la mala grabación, y trataremos de equilibrarlas para obtener un sonido más natural.

Compensar una mala grabación

Ante todo, siempre se recomienda corregir los errores durante la etapa de grabación, no después. De todos modos, en caso de que la grabación haya resultado con errores o frecuencias no deseadas, procederemos entonces a corregirlas durante la ecualización. Los típicos errores o defectos de una grabación pueden ser: sibilancias en la voz, reflexiones o reverberaciones no deseadas en la sala de grabación, instrumentos de poca calidad, micrófonos de poca calidad o mal posicionados, desperfectos en el equipo de grabación, o errores efectuados por los intérpretes durante la ejecución de la pieza o grabación.

Cuando realicemos estar tareas de corrección debemos ser minuciosos y centrarnos exclusivamente en aquellos pequeños detalles a corregir, sin afectar al resto de elementos o frecuencias.

Restaurar un sonido para que se parezca a la fuente original.

Por ejemplo: usamos un micrófono para grabar una batería. Pero este micrófono fue colocado en una posición donde no capta todas las frecuencias correctamente: entonces usaremos el EQ para restaurar esas frecuencias, haciendo que la batería suene más natural.

ECUALIZACIÓN CREATIVA

Este método se encarga de mejorar los sonidos y grabaciones, darles originalidad, hacer que diversos elementos en una mezcla (por ejemplo, los distintos instrumentos), suenen en armonía y se complementen bien unos con otros, aportar dinámica a los sonidos, crear efectos, o bien hacer que los sonidos suenen mejor y más atractivos, agregarles "decoración" mediante el EQ.

Mejorar los sonidos

¿A qué nos referimos con mejorar? Se trata de dar aquellos arreglos estéticos que el sonido necesita para obtener el efecto deseado. Por ejemplo, en una canción de música pop querríamos hacer la voz más brillante y con presencia, suavizarla quitando las frecuencias ásperas, y hacerla más agradable. En un disco de heavy metal, por ejemplo, querríamos las voces algo más oscuras y pesadas, priorizando los medios y graves. Si, en cambio, buscamos que una guitarra acústica suene con más armónicos, aumentaremos ciertas frecuencias agudas y agudas altas.

Dar originalidad al sonido

Aquí es donde la creatividad aumenta un poco más. Podemos hacer que un sonido destaque del resto simplemente cambiando sus frecuencias. Podemos dar a una guitarra un tono totalmente nuevo o incluso a una voz. Puedes experimentar todo lo que quieras hasta que des con el sonido que buscas, sin exagerar: la ecualización siempre debe usarse con discreción, o de lo contrario estarías matando el sonido inicial de la grabación.

Crear una mejor unión ente varios instrumentos o sonidos

Podemos, dentro de una mezcla, hacer varios instrumentos estén en armonía y no se tapen o anulen unos a otros, que es una situación que sucede a menudo.

Un ejemplo: tenemos un bombo de batería y un bajo. Ambos tienen sus frecuencias fundamentales graves. Esto causará ciertos problemas, puesto que muchas veces éstos dos instrumentos tenderán a competir unos con otros por el espacio en la mezcla. Si ambos unen sus frecuencias graves, obtendremos un sonido sobrecargado y poco agradable. La solución sería atenuar cierto rango de uno y cierto rango de otro, pero no los mismos. Por ejemplo, quitamos un rango entre los 100Hz del bajo, y en el bombo, quitaríamos un rango alrededor de los 300Hz. Estaríamos dando así un equilibro, con el fin de que ambos se complementen y no se anulen unos a otros o sobrecarguen la mezcla. Se trata de dar aire a cada instrumento y al mismo tiempo crear un espacio para los otros, removiendo ciertas frecuencias de unos y de otros.

Crear dinámica y dar espacio a la mezcla

Una mezcla donde todos los instrumentos tengan todas sus frecuencias al máximo sonará sobrecargada y saturada. Necesitamos dar espacio a la mezcla equilibrando las frecuencias de todos los elementos que la componen. En la ecualización, existe la regla de "menos es más". Muchas veces dar espacio y quitar frecuencias es mucho mejor que añadirlas o aumentarlas.

Crear efectos

Podemos usar un EQ para dar efectos únicos o inusuales a las grabaciones. Por ejemplo, podemos hacer que una voz suene como si estuviese hablando a través de un teléfono, quitándole sus frecuencias agudas altas y graves. Podemos hacer que una guitarra suene chispeante u oscura, hacer que un piano suene antiguo o un sintetizador impactante.

Resumen:

Usaremos este tipo de EQ para:

–**Aumentar o exagerar** ciertas frecuencias para hacer que un instrumento destaque o brille en la mezcla.

-Hacer que un **sonido "suene mejor"** y más armónico.

–**Cambiar el sonido** de un instrumento para que éste se adapte al estilo y la intención de la canción.

-Hacer que los instrumentos de la canción se **mezclen más armoniosamente**.

-Para crear **efectos interesantes** y darles a los sonidos cualidades únicas y originales.

Por ejemplo: Tenemos una batería grabada y queremos hacer que los platillos suenen más "brillantes". Entonces vamos a aumentar o boostear las frecuencias altas (5000 a 10000 Hz) de este instrumento en la mezcla.

CREAR ESPACIO EN LA MEZCLA: EVITAR EL ENMASCARAMIENTO DE FRECUENCIAS

En la producción musical, uno de los desafíos más comunes y cruciales es evitar el enmascaramiento de frecuencias para crear una mezcla clara y equilibrada. El enmascaramiento de frecuencias ocurre cuando diferentes instrumentos compiten por el mismo espacio en el espectro de frecuencias, lo que provoca que algunos elementos suenen apagados o indistintos. Para lograr una mezcla en la que cada elemento tenga su propio espacio y se escuche claramente, es fundamental emplear técnicas de ecualización y mezcla que minimicen este enmascaramiento.

Una estrategia efectiva para evitar el enmascaramiento de frecuencias es identificar y priorizar los elementos más importantes de la mezcla. Por ejemplo, en una canción pop, la voz principal, el bajo y la batería suelen ser los elementos fundamentales que deben destacar. Una vez identificados, se puede trabajar en la ecualización de estos elementos para asegurarse de que no compitan entre sí. Por ejemplo, si el bombo y el bajo comparten frecuencias similares en el rango de 60-100 Hz, se puede aplicar un filtro de paso alto en el bajo para reducir ligeramente esas frecuencias y permitir que el bombo tenga más presencia en esa área.

Otra técnica es el uso de la ecualización sustractiva, que implica atenuar frecuencias específicas en un instrumento para dejar espacio a otro. Por ejemplo, si una guitarra rítmica y una voz principal compiten en el rango de 2-4 kHz, se puede reducir esa banda de frecuencias en la guitarra para permitir que la voz se escuche más claramente. Este método no solo ayuda a cada elemento a destacar por sí mismo, sino que también evita la sobrecarga de ciertas bandas de frecuencias en la mezcla.

El paneo (panning) es otra herramienta poderosa para evitar el enmascaramiento de frecuencias. Al colocar diferentes instrumentos en distintos lugares del campo estéreo, se puede crear una sensación de espacio y separación. Por ejemplo, los instrumentos rítmicos como guitarras y teclados pueden ser paneados hacia los lados, mientras que los elementos centrales como la voz principal y el bajo permanecen en el centro. Esto no solo mejora la claridad, sino que también hace que la mezcla suene más amplia y envolvente.

Además, el uso de la compresión puede ayudar a controlar la dinámica de los instrumentos y asegurarse de que los elementos más importantes se mantengan presentes en la mezcla. Sin embargo, es crucial utilizar la compresión con moderación para no aplastar la dinámica natural de los instrumentos. Una compresión adecuada puede nivelar las diferencias de volumen y hacer que los elementos importantes se mantengan en primer plano sin ahogar otros sonidos.

La selección de sonidos y arreglos también juega un papel vital en la creación de espacio en la mezcla. Elegir instrumentos y sonidos que complementen en lugar de competir entre sí puede reducir significativamente el enmascaramiento de frecuencias. Por ejemplo, si una mezcla ya tiene un bajo potente, es posible que no necesite añadir más elementos con frecuencias bajas. En su lugar, se pueden elegir instrumentos que aporten texturas y colores en otros rangos de frecuencias.
La automatización es una herramienta avanzada que permite ajustar los niveles y la ecualización de los instrumentos en diferentes partes de la canción. Por ejemplo, durante el estribillo, se puede aumentar ligeramente el volumen de la voz principal y reducir los elementos secundarios para asegurar que la voz destaque. La automatización permite realizar ajustes precisos y dinámicos que mantienen la claridad y el equilibrio a lo largo de toda la mezcla.

Finalmente, una escucha crítica y comparativa es esencial para identificar y corregir el enmascaramiento de frecuencias. Escuchar la mezcla en diferentes sistemas de reproducción y entornos puede revelar problemas que no son evidentes en el estudio. Comparar la mezcla con referencias profesionales también puede proporcionar una guía sobre cómo equilibrar los diferentes elementos y evitar el enmascaramiento.

En conclusión, evitar el enmascaramiento de frecuencias es fundamental para crear una mezcla clara y equilibrada. Mediante técnicas de ecualización sustractiva, paneo, compresión, selección de sonidos, automatización y escucha crítica, los productores e ingenieros de sonido pueden asegurar que cada elemento tenga su propio espacio en el espectro de frecuencias. Este enfoque integral no solo mejora la claridad y la definición de la mezcla, sino que también contribuye a una producción musical más profesional y atractiva.

TÉCNICAS DE EQ PARALELA: USO Y BENEFICIOS

La ecualización paralela es una técnica avanzada en la producción musical que permite a los ingenieros de sonido y productores aplicar ajustes de ecualización de manera más controlada y menos invasiva. Al igual que la compresión paralela, la EQ paralela implica dividir la señal de audio en dos: una ruta pasa a través del ecualizador mientras que la otra permanece sin procesar. Luego, estas dos señales se mezclan nuevamente. Esta técnica ofrece una mayor flexibilidad y permite realizar ajustes de frecuencia de manera más natural y musical.

El uso de EQ paralela es particularmente efectivo cuando se desea realzar o reducir ciertas frecuencias sin afectar negativamente la calidad tonal original de la señal. Por ejemplo, si quieres añadir brillo a una pista vocal pero no quieres que suene demasiado aguda o estridente, puedes aplicar un high shelf a la señal paralela y luego mezclarla gradualmente con la señal original. Esto permite que las frecuencias altas se realcen de manera sutil y controlada, manteniendo la integridad del sonido original.

Uno de los beneficios clave de la EQ paralela es la preservación de la dinámica original de la señal. Al mezclar la señal ecualizada con la señal seca (sin procesar), se pueden realizar ajustes de frecuencia sin sacrificar la naturalidad y la dinámica del sonido. Esto es especialmente útil en instrumentos acústicos y voces, donde es crucial mantener la expresividad y el detalle. Por ejemplo, al ecualizar un piano, puedes realzar las frecuencias medias-altas en la señal paralela para añadir claridad y definición, mientras que la señal original mantiene su riqueza y profundidad tonal.

Otro beneficio significativo es la capacidad de crear efectos únicos y personalizados. La EQ paralela permite realizar ajustes más extremos sin que suenen artificiales o sobreprocesados. Por ejemplo, en una mezcla de batería, puedes aplicar un realce fuerte a los agudos en la señal paralela para dar más brillo a los platillos y luego mezclar esa señal con la original para obtener un sonido brillante pero natural. Esta técnica también puede ser utilizada para crear espacio y profundidad en la mezcla. Al reducir las frecuencias bajas en la señal paralela de ciertos instrumentos, puedes evitar el enmascaramiento de frecuencias y hacer que otros elementos, como el bajo y el bombo, se destaquen más.

En la mezcla de bajos y baterías, la EQ paralela es particularmente útil para añadir definición sin perder el impacto. Por ejemplo, al ecualizar el bombo, puedes realzar las frecuencias de ataque en la señal paralela para darle más punch, mientras mantienes la señal original para preservar el cuerpo y la profundidad del sonido. Del mismo modo, en una línea de bajo, puedes realzar las frecuencias medias-altas en la señal paralela para añadir claridad y presencia, sin sacrificar la calidez de las frecuencias bajas de la señal original.

La EQ paralela también puede mejorar la coherencia y cohesión de la mezcla. Al aplicar ecualización paralela a subgrupos de instrumentos, como las guitarras o las cuerdas, puedes realzar ciertas características tonales y mezclarlas de manera que se integren mejor en el contexto general de la mezcla. Esto es especialmente útil en arreglos densos, donde es importante que cada sección tenga su propio espacio y se escuche claramente.

Además, la ecualización paralela ofrece una mayor flexibilidad en el proceso de mezcla. Puedes ajustar el balance entre la señal procesada y la original en cualquier momento, lo que te permite realizar cambios rápidos y efectivos sin necesidad de rehacer toda la ecualización. Esto es particularmente beneficioso en situaciones de mezcla en vivo o cuando se trabaja con plazos ajustados, ya que permite realizar ajustes rápidos y precisos sobre la marcha.

En términos de configuración técnica, la EQ paralela se puede realizar fácilmente en estaciones de trabajo de audio digital (DAWs). La mayoría de las DAWs permiten enviar la señal original a un bus auxiliar, donde se puede aplicar la ecualización deseada y luego mezclarla de vuelta con la señal original. Este enfoque no solo es eficiente, sino que también ofrece un control preciso sobre la cantidad de señal ecualizada que se mezcla con la señal seca, permitiendo ajustes finos y detallados.

La ecualización paralela es una técnica poderosa que ofrece una forma más controlada y natural de ajustar las frecuencias en una mezcla. Al permitir la mezcla de señales procesadas y no procesadas, preserva la dinámica y la calidad tonal original, mientras que ofrece la flexibilidad para realizar ajustes precisos y creativos. Esta técnica es particularmente útil para realzar frecuencias específicas, evitar el enmascaramiento de frecuencias, y añadir claridad y definición a los instrumentos y voces, resultando en una mezcla más profesional y equilibrada.

EQ DINÁMICO: AJUSTES EN TIEMPO REAL PARA CAMBIOS DINÁMICOS

La EQ dinámica es una herramienta avanzada en la producción musical que combina los principios de la ecualización y la compresión para ajustar las frecuencias de una señal de audio en tiempo real. A diferencia de la ecualización estática, donde los ajustes son fijos y aplicados uniformemente, la EQ dinámica permite que las frecuencias específicas sean atenuadas o realzadas en función de la amplitud de la señal en un momento dado. Esto proporciona un control mucho más refinado y reactivo sobre el espectro de frecuencias, lo que es especialmente útil en situaciones donde las características tonales de una pista cambian constantemente.

La principal ventaja de la EQ dinámica radica en su capacidad para abordar problemas de frecuencia que son dependientes del nivel. Por ejemplo, una resonancia molesta en una pista de voz puede no ser constante y solo puede volverse problemática en ciertos momentos cuando la voz alcanza ciertos volúmenes. Con una EQ estática, podrías atenuar esa frecuencia constantemente, lo que podría afectar negativamente otras partes de la pista donde la resonancia no es un problema. Sin embargo, una EQ dinámica permite atenuar esa frecuencia solo cuando la resonancia se vuelve prominente, preservando el tono natural y la claridad en otras partes.

La EQ dinámica también es extremadamente útil para manejar las sibilancias en las voces. Las sibilancias son sonidos de alta frecuencia que ocurren principalmente en consonantes como "s" y "sh". En lugar de aplicar un de-esser dedicado que puede afectar una banda de frecuencias más amplia, una EQ dinámica puede ser configurada para atenuar con precisión solo las frecuencias sibilantes exactamente cuando aparecen. Esto resulta en un control mucho más natural y musical de las sibilancias, sin afectar negativamente el brillo y la presencia de la voz.

En instrumentos como guitarras acústicas, la EQ dinámica puede ser utilizada para controlar resonancias en las frecuencias medias-bajas que pueden ocurrir de manera inconsistente dependiendo de cómo se toca el instrumento. Esto es particularmente útil para mantener un sonido claro y definido sin tener que sacrificar la calidez natural de la guitarra. Del mismo modo, en mezclas de batería, una EQ dinámica puede controlar picos no deseados en los tambores sin afectar la energía y el punch general de la batería.

Otra aplicación importante de la EQ dinámica es en la masterización, donde puede ayudar a mantener el balance tonal de una mezcla a lo largo de todo un track. Las mezclas pueden tener variaciones dinámicas significativas que afectan la percepción de las frecuencias. Una EQ dinámica puede ajustarse para suavizar estos cambios, asegurando que el balance de frecuencias se mantenga consistente, lo que resulta en una masterización más equilibrada y profesional.

Además, la EQ dinámica ofrece una flexibilidad sin igual para los productores que buscan experimentar con efectos creativos. Por ejemplo, se puede utilizar para realzar frecuencias específicas solo en ciertos momentos de una pista para añadir un sentido de movimiento y dinamismo. Este enfoque puede hacer que una mezcla suene más viva y envolvente, capturando la atención del oyente y manteniendo el interés a lo largo de la canción.

La configuración de una EQ dinámica puede parecer compleja al principio, pero la mayoría de las herramientas modernas de EQ dinámica ofrecen interfaces intuitivas que facilitan este proceso. Generalmente, se establece un umbral que determina cuándo la EQ dinámica entra en acción, similar a un compresor. También se ajusta la ganancia y el Q para definir cómo se afectarán las frecuencias específicas cuando se superen los niveles de umbral. La clave es encontrar un equilibrio donde la EQ dinámica solo actúe cuando sea necesario, sin ser demasiado invasiva.

En el ámbito técnico, las estaciones de trabajo de audio digital (DAWs) modernas y los plugins especializados hacen que la implementación de EQ dinámica sea accesible y eficiente. Plugins como FabFilter Pro-Q 3, iZotope Neutron y Waves F6 ofrecen capacidades de EQ dinámica con interfaces visuales que permiten ver en tiempo real cómo se están aplicando los ajustes. Estas herramientas no solo facilitan la configuración, sino que también permiten un monitoreo continuo para asegurar que la EQ dinámica esté funcionando como se espera.

En resumen, la EQ dinámica es una herramienta poderosa que permite ajustes precisos y reactivos en tiempo real, adaptándose a los cambios dinámicos de la señal de audio. Su capacidad para abordar problemas específicos de frecuencia de manera más natural y musical, junto con su potencial creativo, la convierte en una adición invaluable al arsenal de cualquier productor o ingeniero de sonido. Utilizar la EQ dinámica de manera efectiva puede transformar una mezcla, manteniendo la claridad y el balance tonal, y asegurando que cada elemento suene en su mejor momento a lo largo de la pista.

Herramientas y Equipos Recomendados

● PAN ● STEREO ●

SOFTWARE DE EQ

En la producción musical moderna, los plugins de ecualización (EQ) son herramientas esenciales que ofrecen una amplia variedad de características para manipular y mejorar el sonido. A continuación, se presentan algunos de los plugins de EQ más populares y sus características destacadas, que los hacen imprescindibles en cualquier estudio de grabación.

FabFilter Pro-Q 3

FabFilter Pro-Q 3 es uno de los plugins de EQ más versátiles y potentes disponibles en el mercado. Ofrece una interfaz gráfica intuitiva y una amplia gama de características avanzadas. Su interfaz visual permite a los usuarios ver y ajustar el espectro de frecuencias en tiempo real, lo que facilita la identificación de problemas y la aplicación de ajustes precisos. Pro-Q 3 incluye hasta 24 bandas de ecualización, cada una configurable como bell, shelving, notch, band-pass, o all-pass. Una de sus características más destacadas es la ecualización dinámica, que permite ajustar frecuencias en función del nivel de la señal en tiempo real. Además, ofrece opciones de lineal phase y zero latency para adaptarse a diferentes necesidades de procesamiento.

iZotope Neutron 3

iZotope Neutron 3 es conocido por sus capacidades de mezcla asistida por inteligencia artificial. Su módulo de EQ es extremadamente potente y flexible, ofreciendo hasta 12 bandas de ecualización con modos paramétrico, shelving y filtros de paso. Una característica única de Neutron 3 es el "Masking Meter", que ayuda a identificar y solucionar problemas de enmascaramiento de frecuencias entre pistas. El EQ dinámico de Neutron 3 permite ajustes basados en la amplitud de la señal, lo que lo convierte en una herramienta versátil tanto para ecualización correctiva como creativa. Además, su integración con otros módulos de Neutron, como el compresor y el excitador, facilita un flujo de trabajo coherente y eficiente.

Waves SSL G-Equalizer

El Waves SSL G-Equalizer es una emulación precisa del ecualizador de la consola SSL 4000 G, conocida por su sonido característico y su capacidad para añadir claridad y definición a las mezclas. Este plugin ofrece cuatro bandas de ecualización con controles de frecuencia, ganancia y Q, además de filtros de paso alto y paso bajo. El SSL G-Equalizer es especialmente útil para dar forma a los sonidos de manera musical y efectiva, y es altamente valorado por su capacidad para realzar las características tonales de las voces, guitarras y baterías. La interfaz del plugin es sencilla y fácil de usar, lo que permite ajustes rápidos y precisos.

UAD Pultec EQP-1A

El UAD Pultec EQP-1A es una emulación del clásico ecualizador de válvulas Pultec EQP-1A, famoso por su sonido cálido y musical. Este plugin es ideal para añadir carácter y color a las pistas. Ofrece controles de boost y attenuate que pueden ser usados simultáneamente para crear curvas de ecualización únicas y efectivas. La simplicidad del diseño original se mantiene en el plugin, con controles para frecuencias bajas y altas, permitiendo ajustes intuitivos y musicales. El Pultec EQP-1A es especialmente apreciado para su uso en voces, bajos y masterización, donde su capacidad para añadir calidez y presencia es inigualable.

Slate Digital FG-N

El Slate Digital FG-N es parte del paquete Virtual Mix Rack y está basado en el legendario ecualizador Neve 1073. Este plugin ofrece una emulación precisa del carácter sonoro del hardware original, conocido por su calidez y musicalidad. El FG-N incluye bandas de ecualización para bajos, medios y altos, cada una con opciones de selección de frecuencia y controles de ganancia. También incluye un filtro de paso alto ajustable. El FG-N es ideal para aplicaciones que requieren un toque analógico, proporcionando un sonido rico y cálido que es perfecto para voces, guitarras y otros instrumentos.

TDR Nova

TDR Nova es un plugin de EQ dinámico gratuito que combina la ecualización paramétrica con las capacidades de un compresor multibanda. Su interfaz intuitiva y su conjunto de características avanzadas lo hacen una herramienta poderosa tanto para la ecualización correctiva como creativa. TDR Nova permite ajustes precisos con hasta seis bandas de ecualización, cada una configurable como bell, shelving, o filtros de paso. Su función de ecualización dinámica permite ajustes basados en el nivel de la señal, lo que es ideal para manejar problemas de frecuencia que varían con la dinámica del audio. La visualización en tiempo real del espectro de frecuencias y la respuesta de EQ facilita la identificación de problemas y la aplicación de ajustes precisos.

Hardware de EQ: Equipos Clásicos y Modernos

La ecualización (EQ) ha sido una parte integral de la producción musical desde sus inicios, y a lo largo de los años, varios equipos de hardware han alcanzado el estatus de leyenda debido a su capacidad para moldear el sonido de manera única. Tanto los equipos clásicos como los modernos tienen un lugar especial en estudios de grabación de todo el mundo, cada uno con sus propias características y aplicaciones.

Equipos Clásicos

Pultec EQP-1A El Pultec EQP-1A es uno de los ecualizadores más venerados de todos los tiempos. Con su diseño de válvulas y su enfoque único para la ecualización, el EQP-1A permite tanto el realce como la atenuación en la misma banda de frecuencia, lo que crea curvas de ecualización distintivas y musicales. Es conocido por su capacidad para añadir calidez y suavidad al sonido, lo que lo hace ideal para voces, bajos y la masterización. Su simplicidad y efectividad lo han mantenido en uso continuo desde su introducción en la década de 1950.

Neve 1073 El Neve 1073 es un módulo de preamplificador y ecualizador que ha sido un pilar en la grabación profesional desde su creación en los años 70. Su diseño discreto y transformador proporciona un sonido cálido y robusto, con un carácter tonal que es altamente musical. El ecualizador del

1073 ofrece bandas para bajos, medios y agudos, cada una con controles de frecuencia y ganancia. Es especialmente apreciado en la grabación de voces, guitarras y batería, donde su capacidad para añadir cuerpo y presencia es incomparable.

API 550A El API 550A es otro ecualizador clásico que ha dejado una huella significativa en la historia de la grabación. Con su diseño de ecualización proporcional, el 550A permite ajustes precisos sin afectar las frecuencias adyacentes. Su diseño modular y robusto lo hace ideal para uso en consolas y racks. Es conocido por su capacidad para manejar transitorios rápidos sin distorsión, lo que lo hace perfecto para aplicaciones en batería, guitarras y mezcla general. El 550A añade claridad y punch a cualquier mezcla, manteniendo un sonido natural y musical.

Equipos Modernos

Manley Massive Passive El Manley Massive Passive es un ecualizador pasivo de válvulas que se ha convertido en un estándar en la masterización y la mezcla de alta gama. Su diseño único permite ajustes detallados y musicales en un amplio rango de frecuencias, con controles de banda ancha y una interfaz intuitiva. El Massive Passive es conocido por su capacidad para añadir color y carácter sin introducir dureza, lo que lo hace ideal para procesar mezclas completas y pistas individuales. Su sonido cálido y detallado es especialmente valorado en la masterización.

Dangerous Music BAX EQ El Dangerous Music BAX EQ es un ecualizador basado en el clásico diseño Baxandall, conocido por su respuesta suave y musical. Ofrece controles de shelving para graves y agudos, así como filtros de paso alto y paso bajo. El BAX EQ es ideal para aplicaciones en la masterización y la mezcla final, donde se busca ajustar el balance tonal de manera sutil pero efectiva. Su transparencia y capacidad para añadir un toque final pulido sin coloración excesiva lo hacen una herramienta esencial en estudios modernos.

Chandler Limited Curve Bender El Chandler Limited Curve Bender es una recreación moderna del ecualizador EMI TG12345, utilizado en las consolas de grabación de Abbey Road en la década de 1960. Este ecualizador ofrece un control preciso sobre un amplio rango de frecuencias, con una interfaz que permite ajustes detallados y musicales. El Curve Bender es conocido por su capacidad para añadir color y carácter, con un sonido que es cálido y detallado. Es especialmente apreciado en la mezcla y la masterización, donde su capacidad para moldear el sonido con precisión es invaluable.

Rupert Neve Designs Portico 5033 El Portico 5033 de Rupert Neve Designs es un ecualizador moderno que combina el legado de los diseños clásicos de Neve con la tecnología contemporánea. Ofrece cinco bandas de ecualización con filtros de paso alto, cada una con controles de frecuencia, ganancia y Q. El 5033 es conocido por su transparencia y musicalidad, con un sonido que es cálido y detallado. Es ideal para aplicaciones en la grabación, mezcla y masterización, proporcionando un control preciso sobre el tono y el carácter del sonido.

Tanto los equipos de EQ clásicos como los modernos tienen su lugar en la producción musical, cada uno ofreciendo características únicas que los hacen valiosos en diferentes aplicaciones. Los clásicos como el Pultec EQP-1A, Neve 1073 y API 550A siguen siendo insustituibles por su carácter tonal y musicalidad. Al mismo tiempo, los equipos modernos como el Manley Massive Passive, Dangerous Music BAX EQ, Chandler Limited Curve Bender y Rupert Neve Designs Portico 5033 ofrecen una flexibilidad y precisión que complementan las necesidades actuales de grabación y mezcla. La combinación de estos equipos en un estudio puede proporcionar una paleta completa de opciones tonales, permitiendo a los productores e ingenieros de sonido lograr mezclas equilibradas y profesionales.

CONFIGURACIONES DE ESTUDIO: INTEGRACIÓN DE EQ EN TU FLUJO DE TRABAJO

Integrar ecualizadores (EQ) de manera efectiva en tu flujo de trabajo es esencial para lograr mezclas claras, equilibradas y profesionales. A continuación, se detallan las estrategias y configuraciones clave para la integración de EQ en un estudio de grabación, abarcando desde la grabación inicial hasta la masterización final.

Establecer una Cadena de Señal Clara

Desde el momento en que una señal de audio entra en tu estudio, la claridad y la calidad del sonido deben ser prioridad. Comienza con la captura de la señal a través de micrófonos y preamplificadores de alta calidad. Un buen preamplificador puede añadir calidez y cuerpo al sonido, proporcionando una base sólida para la ecualización. Si utilizas un EQ hardware, puedes insertarlo entre el preamplificador y la interfaz de audio para realizar ajustes correctivos iniciales, como eliminar el rumble o las resonancias no deseadas.
Ecualización Durante la Grabación

Algunas configuraciones de estudio incluyen ecualización durante la grabación para solucionar problemas específicos desde el principio. Por ejemplo, al grabar una voz, un filtro de paso alto puede ser útil para eliminar las frecuencias bajas no deseadas captadas por el micrófono. Esto garantiza que la señal grabada esté limpia y lista para ser trabajada en la etapa de mezcla, reduciendo la necesidad de correcciones drásticas más adelante.

Integración de EQ en el DAW

La mayoría de los estudios modernos utilizan estaciones de trabajo de audio digital (DAWs) para la grabación, edición y mezcla. Los plugins de EQ son herramientas esenciales en este entorno. Al configurar tu DAW, asegúrate de tener acceso rápido a tus plugins de EQ favoritos para una edición eficiente. La organización de tus plugins en categorías, como correctivos y creativos, puede ayudarte a encontrar rápidamente el EQ adecuado para cada tarea.

Uso de Plantillas de Mezcla

Las plantillas de mezcla pueden ahorrar tiempo y asegurar consistencia en tus proyectos. Configura plantillas que incluyan instancias de EQ en las pistas principales, como voces, guitarras, bajos y baterías. Esto permite que, al iniciar un nuevo proyecto, ya tengas una base de EQ lista para ajustes finos. Por ejemplo, una plantilla puede incluir un FabFilter Pro-Q 3 en la pista de voz para ajustes dinámicos y un Waves SSL G-Equalizer en la pista de guitarra para realzar el tono clásico.

Subgrupos y Buses

La utilización de subgrupos y buses en tu DAW facilita el manejo de múltiples pistas que deben ser procesadas de manera similar. Al enviar varias pistas a un subgrupo, puedes aplicar EQ de forma conjunta, lo que asegura coherencia tonal. Por ejemplo, agrupar todas las pistas de batería en un subgrupo y aplicar un EQ para ajustar el balance de frecuencias de todo el kit puede simplificar y acelerar tu flujo de trabajo.

EQ en el Bus Maestro

Aplicar EQ en el bus maestro es una práctica común para ajustar el balance tonal de toda la mezcla antes de la masterización. Un plugin como el Dangerous Music BAX EQ puede ser ideal para realizar ajustes sutiles y globales, añadiendo brillo o reduciendo el exceso de graves en toda la mezcla. Es importante realizar estos ajustes con moderación para no alterar drásticamente el balance de la mezcla individual.

Automatización de EQ

La automatización de EQ es una técnica avanzada que permite realizar cambios dinámicos en el EQ a lo largo de una pista. Esta técnica es especialmente útil en géneros musicales con mucha variación dinámica. Por ejemplo, durante el estribillo de una canción, puedes automatizar un realce en las frecuencias altas de las guitarras para añadir brillo y energía, y luego reducirlo en las estrofas para mantener un balance más suave.

Monitoreo y Revisión

Un paso crucial en la integración de EQ en tu flujo de trabajo es el monitoreo crítico. Utiliza monitores de referencia de alta calidad y auriculares para revisar tus ajustes de EQ. Escuchar tu mezcla en diferentes sistemas de reproducción, como altavoces de computadora, auriculares y sistemas de sonido de coche, te ayudará a identificar y corregir problemas de EQ que pueden no ser evidentes en tu entorno de estudio.

Masterización

La masterización es la etapa final donde se realizan los ajustes de EQ globales para asegurar que la mezcla suene bien en todos los sistemas de reproducción. Herramientas como el Manley Massive Passive son ideales para esta tarea debido a su capacidad para realizar ajustes musicales y precisos. En esta etapa, se pueden hacer ajustes sutiles para equilibrar el tono general, realzar la claridad y asegurar que la mezcla tenga la cohesión necesaria para su distribución.

Integrar EQ de manera efectiva en tu flujo de trabajo de estudio requiere una combinación de buenas prácticas, organización y el uso de herramientas adecuadas. Desde la captura inicial hasta la masterización final, cada etapa del proceso de producción musical puede beneficiarse de una ecualización bien pensada y aplicada. La clave es entender cuándo y cómo utilizar diferentes tipos de EQ para solucionar problemas específicos y realzar las características tonales de tu música, asegurando que cada elemento de la mezcla tenga su propio espacio y claridad en el espectro de frecuencias. Con estas estrategias, puedes mejorar significativamente la calidad de tus producciones y lograr mezclas profesionales y equilibradas.

Técnicas de Ecualización para Voces

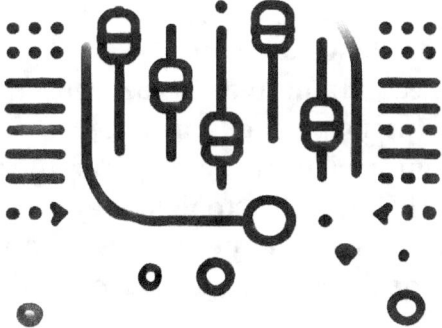

Técnicas de Ecualización para Voces: Limpieza de Frecuencias

La ecualización de voces es una de las tareas más críticas en la producción musical. La voz suele ser el elemento central de una canción, por lo que necesita sonar clara, presente y libre de frecuencias problemáticas. A continuación, exploraremos cómo eliminar frecuencias problemáticas para limpiar y mejorar el sonido de las voces en una mezcla.

Identificación de Frecuencias Problemáticas

Antes de aplicar cualquier ecualización, es esencial identificar las frecuencias que están causando problemas. Estas pueden incluir ruidos de fondo, resonancias, zumbidos y sibilancias. Escucha atentamente la grabación vocal y usa un analizador de espectro para visualizar las frecuencias dominantes. Aquí hay algunas frecuencias comunes que suelen necesitar ajuste:

- **Rumble de Baja Frecuencia**: Frecuencias por debajo de 80 Hz que pueden incluir ruido de manejo del micrófono, ruido de aire acondicionado o tráfico.
- **Muddiness**: Frecuencias entre 100 Hz y 250 Hz que pueden hacer que la voz suene turbia y opaca.
- **Nasality**: Frecuencias entre 250 Hz y 500 Hz que pueden hacer que la voz suene nasal.
- **Sibilancias**: Frecuencias entre 5 kHz y 8 kHz que pueden hacer que la voz suene demasiado brillante y sibilante.

Uso de Filtros de Paso Alto

Una técnica básica para limpiar la voz es usar un filtro de paso alto (high-pass filter) para eliminar las frecuencias bajas no deseadas. Configura el filtro para cortar todo por debajo de aproximadamente 80 Hz. Esto eliminará el rumble de baja frecuencia sin afectar el cuerpo de la voz. Ajusta el punto de corte según sea necesario para la voz específica y el contexto de la mezcla.

Reducción de Muddiness

La "muddiness" en una voz puede hacer que suene indistinta y congestionada. Para abordar esto, identifica las frecuencias problemáticas en el rango de 100 Hz a 250 Hz. Utiliza una curva de campana (bell curve) con un Q medio para atenuar ligeramente estas frecuencias. Generalmente, una reducción de 2 a 4 dB puede ser suficiente para limpiar el sonido sin hacerlo demasiado delgado.

Control de Resonancias y Nasality

Las resonancias y la nasality pueden hacer que la voz suene poco natural. Utiliza una curva de campana con un Q estrecho para identificar y reducir estas frecuencias problemáticas, que suelen encontrarse entre 250 Hz y 500 Hz. A medida que ajustas el Q y la ganancia, busca el punto donde la voz suena más natural y clara. La reducción de estas frecuencias ayuda a mejorar la claridad y la presencia sin introducir nuevas resonancias.

Manejo de Sibilancias

Las sibilancias son sonidos agudos y brillantes que pueden ser molestos en la mezcla. Para controlarlas, utiliza una curva de campana con un Q medio para atenuar las frecuencias entre 5 kHz y 8 kHz. En lugar de reducir drásticamente, haz ajustes sutiles para mantener la claridad y el brillo de la voz sin exagerar las sibilancias. En algunos casos, un de-esser, que es un tipo específico de compresor enfocado en estas frecuencias, puede ser más efectivo.

Automatización y Ecualización Dinámica

Las voces pueden tener variaciones dinámicas significativas a lo largo de una canción. La automatización de EQ o el uso de EQ dinámica puede ayudar a mantener una voz consistente en diferentes secciones de la canción. Por ejemplo, puedes automatizar un ligero aumento en las frecuencias altas durante los estribillos para añadir presencia y luego reducirlas en las estrofas para un sonido más suave.

Evaluación Final

Después de aplicar la ecualización, escucha la voz en el contexto de la mezcla completa. Asegúrate de que los ajustes han mejorado la claridad y la presencia sin introducir nuevos problemas. Realiza ajustes finos según sea necesario y verifica la mezcla en diferentes sistemas de reproducción para asegurarte de que suene bien en todos ellos.

La limpieza de frecuencias problemáticas en la voz es un paso crucial para lograr una mezcla profesional y equilibrada. Utilizando técnicas como los filtros de paso alto, la reducción de muddiness y la atenuación de resonancias y sibilancias, puedes mejorar significativamente la claridad y la calidad de la voz en una mezcla. La clave es realizar ajustes precisos y escuchar críticamente en el contexto de la mezcla completa para asegurar que cada elemento suene en su mejor momento. Con estas técnicas, puedes lograr que la voz se destaque de manera clara y natural, proporcionando una base sólida para el resto de la producción musical.

TÉCNICAS DE ECUALIZACIÓN PARA VOCES: REALCE DE PRESENCIA

Una voz clara y definida es crucial en cualquier mezcla musical, ya que a menudo es el elemento central que atrae la atención del oyente. El realce de presencia mediante la ecualización es una técnica esencial para asegurarse de que la voz se destaque con claridad y definición. Aquí exploraremos cómo aumentar la claridad y la presencia de las voces en una mezcla.

Identificación de las Frecuencias de Presencia

Para mejorar la presencia de una voz, es fundamental identificar las frecuencias clave que añaden claridad y definición. Estas frecuencias suelen estar en el rango de 2 kHz a 5 kHz. Este rango es donde muchas de las consonantes y detalles articulatorios de la voz se encuentran, y realzarlas puede hacer que la voz se escuche más presente y definida.

Uso de la Ecualización para Realzar la Presencia

Una técnica efectiva para realzar la presencia de la voz es usar una curva de campana (bell curve) en un ecualizador paramétrico. Ajusta la frecuencia central alrededor de 3 kHz a 4 kHz y aumenta la ganancia ligeramente. Comienza con un incremento de 2 a 3 dB y ajusta según sea necesario. Un Q medio (no demasiado estrecho ni demasiado ancho) suele ser ideal para este tipo de ajuste, ya que permite un realce enfocado sin afectar demasiado las frecuencias adyacentes.

Proceso Paso a Paso para Realzar la Presencia
1. **Inicializa tu EQ**: Abre tu ecualizador paramétrico en la pista vocal.
2. **Selecciona la Banda de Frecuencia**: Elige una banda de frecuencia y establece el punto central alrededor de 3 kHz a 4 kHz.
3. **Ajusta el Q**: Configura el Q a un valor medio, lo que permitirá un realce enfocado pero natural.
4. **Aumenta la Ganancia**: Incrementa la ganancia en esta banda en aproximadamente 2 a 3 dB para comenzar. Escucha la voz en el contexto de la mezcla para evaluar el efecto.
5. **Ajusta Finamente**: Si es necesario, ajusta la frecuencia central y la ganancia hasta que la voz suene clara y presente sin volverse áspera o estridente.

Consideraciones Adicionales
Es importante no exagerar el realce en las frecuencias de presencia, ya que esto puede resultar en una voz que suene demasiado agresiva o fatigante para el oyente. Si la voz empieza a sonar áspera, intenta ajustar el Q o reducir ligeramente la ganancia.

Uso Complementario de Filtros y Compresión
Para complementar el realce de presencia, puedes utilizar un filtro de paso alto para eliminar frecuencias bajas innecesarias, asegurando que la voz no compita con otros elementos de la mezcla en ese rango. Ajusta el filtro de paso alto para cortar por debajo de 80 Hz a 100 Hz, eliminando ruidos de baja frecuencia y rumble.

Además, la compresión puede ayudar a mantener la consistencia de la voz, asegurando que las partes más suaves sean igualmente claras y presentes. Usa un compresor con un ataque rápido y un release moderado para mantener el control dinámico sin eliminar la naturalidad de la voz. Esto garantiza que el realce de presencia que has aplicado mediante la ecualización sea efectivo en todo momento.

Automización para Dinámica Variable
En canciones con dinámicas cambiantes, la automatización de EQ puede ser una herramienta poderosa. Durante los estribillos o partes más intensas de la canción, puedes automatizar un ligero aumento adicional en las frecuencias de presencia para asegurar que la voz se destaque aún más. Durante las partes más suaves, puedes reducir este realce para mantener un equilibrio natural y evitar que la voz suene demasiado prominente.

Escucha Crítica y Evaluación Final
Después de aplicar la ecualización y otros ajustes, escucha la voz en el contexto de la mezcla completa. Asegúrate de que el realce de presencia no está causando problemas en otras áreas de la mezcla. Cambia entre diferentes sistemas de monitoreo y escucha en diferentes entornos para asegurar que la voz suene clara y definida en todos ellos.

Realzar la presencia de una voz mediante la ecualización es una técnica clave para lograr mezclas claras y definidas. Identificando y realzando las frecuencias adecuadas, puedes hacer que la voz se destaque de manera natural y musical. Complementando este realce con el uso de filtros de paso alto y compresión, y ajustando dinámicamente mediante la automatización, puedes asegurar que la voz mantenga su claridad y presencia a lo largo de toda la canción. Con estas técnicas, la voz en tu mezcla sonará profesional y capturará la atención del oyente de manera efectiva.

TÉCNICAS DE ECUALIZACIÓN PARA VOCES: CONTROL DE SIBILANCIAS

Las sibilancias son frecuencias altas y agudas que ocurren principalmente en las consonantes "s", "sh", "ch", y "t". Estas pueden ser desagradables y causar fatiga auditiva si no se controlan adecuadamente. El uso de de-essers es una técnica eficaz para reducir estas sibilancias sin afectar el resto de la voz. A continuación, exploramos cómo utilizar de-essers para manejar las sibilancias en una pista vocal.

Identificación de las Sibilancias

Antes de aplicar cualquier procesamiento, es esencial identificar las frecuencias donde ocurren las sibilancias. Estas frecuencias suelen estar entre 5 kHz y 10 kHz. Escucha atentamente la grabación vocal y usa un analizador de espectro para localizar los picos de sibilancia. Una vez identificadas, puedes proceder a aplicar un de-esser.

Cómo Funciona un De-esser

Un de-esser es un tipo específico de compresor diseñado para reducir las frecuencias de sibilancia. Funciona detectando las frecuencias problemáticas y aplicando reducción de ganancia solo cuando estas frecuencias alcanzan un cierto umbral. Esto permite un control preciso de las sibilancias sin afectar las demás frecuencias de la voz.

Configuración del De-esser

Para configurar un de-esser de manera efectiva, sigue estos pasos:
1. **Inserta el De-esser en la Cadena de Señal**: Coloca el de-esser en la pista vocal, generalmente después del ecualizador y antes del compresor.

2. **Ajusta la Frecuencia de Detección**: Configura la frecuencia de detección en el rango donde se encuentran las sibilancias (generalmente entre 5 kHz y 10 kHz). Algunos de-essers permiten ajustar una banda específica, mientras que otros ofrecen un control más amplio de la frecuencia.
3. **Configura el Umbral**: Ajusta el umbral para que el de-esser solo se active cuando las sibilancias están presentes. Baja el umbral hasta que empieces a notar una reducción efectiva de las sibilancias. Ten cuidado de no ajustar el umbral demasiado bajo, ya que esto puede afectar la claridad de la voz.
4. **Ajusta la Cantidad de Reducción**: Configura la cantidad de reducción de ganancia para controlar la intensidad de las sibilancias. Comienza con una reducción de 3 a 6 dB y ajusta según sea necesario para obtener un sonido natural.
5. **Escucha y Ajusta**: Escucha la voz en el contexto de la mezcla para asegurarte de que las sibilancias se han reducido de manera efectiva sin afectar la calidad tonal de la voz. Ajusta la frecuencia de detección, el umbral y la cantidad de reducción según sea necesario.

Uso de Ecualización Adicional
Además del uso del de-esser, puedes aplicar ecualización adicional para controlar las sibilancias. Usa una curva de campana (bell curve) con un Q medio para atenuar ligeramente las frecuencias en el rango de las sibilancias. Esto puede ser útil para reducir sutilmente las sibilancias sin necesidad de una reducción de ganancia agresiva.

Automización del De-esser
En algunas pistas vocales, las sibilancias pueden variar en intensidad a lo largo de la canción. Usar la automatización del de-esser puede ayudarte a ajustar dinámicamente la reducción de sibilancia según sea necesario. Por ejemplo, puedes aumentar la reducción de sibilancia en partes de la canción

donde las sibilancias son más pronunciadas y reducirla en otras partes para mantener la claridad de la voz.

Comparación de Diferentes De-essers

Existen varios plugins de de-essing disponibles, cada uno con sus propias características y algoritmos. Algunos de los más populares incluyen:

- **Waves R-De-Esser**: Un de-esser simple y efectivo que ofrece controles de frecuencia y umbral fáciles de usar.
- **FabFilter Pro-DS**: Un de-esser avanzado con una interfaz gráfica intuitiva, ofreciendo modos de detección precisos y opciones de reducción flexibles.
- **iZotope RX De-esser**: Parte del paquete iZotope RX, este de-esser ofrece algoritmos avanzados de reducción de sibilancia y es especialmente útil en la postproducción de audio.

Evaluación Final

Después de aplicar el de-esser y cualquier ecualización adicional, escucha la voz en el contexto de la mezcla completa. Asegúrate de que las sibilancias se han controlado eficazmente sin comprometer la claridad y la naturalidad de la voz. Cambia entre diferentes sistemas de monitoreo y escucha en diferentes entornos para asegurar que la voz suene bien en todos ellos.

El control de sibilancias es esencial para lograr una mezcla vocal profesional y agradable. Utilizando un de-esser de manera efectiva, puedes reducir las sibilancias sin afectar negativamente la calidad tonal de la voz. Complementar esto con ecualización y automatización puede ayudar a mantener la claridad y la naturalidad de la voz a lo largo de toda la canción. Con estas técnicas, puedes asegurar que la voz en tu mezcla suene clara, equilibrada y libre de sibilancias molestas.

Técnicas de Ecualización para Instrumentos

TÉCNICAS DE ECUALIZACIÓN PARA INSTRUMENTOS: GUITARRAS ELÉCTRICAS Y ACÚSTICAS

Las guitarras, tanto eléctricas como acústicas, son instrumentos fundamentales en muchas mezclas musicales. La ecualización adecuada puede realzar su presencia y carácter, así como eliminar frecuencias no deseadas para asegurar que se integren bien en la mezcla. Aquí exploramos las técnicas de ecualización para realzar y eliminar frecuencias en guitarras eléctricas y acústicas.

Guitarras Eléctricas

Realce de Frecuencias Para las guitarras eléctricas, el realce de ciertas frecuencias puede ayudar a definir su tono y asegurar que se destaquen en la mezcla. Las frecuencias alrededor de 80 Hz a 120 Hz pueden ser realzadas ligeramente para añadir cuerpo y calidez. Esto es especialmente útil para guitarras rítmicas que necesitan un poco más de peso. Sin embargo, es importante no exagerar para evitar que la mezcla se vuelva embarrada.

El rango de 1 kHz a 3 kHz es crucial para la claridad y la presencia. Realzar estas frecuencias puede hacer que los riffs y solos se destaquen. Un ligero aumento en este rango puede proporcionar el ataque y la definición necesarios sin hacer que la guitarra suene demasiado áspera.

Para añadir brillo y aire, se puede aumentar ligeramente el rango de 5 kHz a 8 kHz. Esto es particularmente útil en solos y partes destacadas de la guitarra, asegurando que los armónicos superiores sean audibles y que la guitarra suene viva y brillante.

Eliminación de Frecuencias Eliminar ciertas frecuencias puede ayudar a limpiar el sonido de la guitarra eléctrica y asegurar que no interfiera con otros instrumentos. Usar un filtro de paso alto para cortar por debajo de 60 Hz puede eliminar el rumble y el ruido de baja frecuencia que no es necesario en la mayoría de las grabaciones de guitarra eléctrica. Las frecuencias entre 200 Hz y 400 Hz pueden contribuir a un sonido turbio o "boomy". Atenuar ligeramente esta banda puede limpiar el sonido y permitir que la guitarra se mezcle mejor con otros instrumentos. Sin embargo, ten cuidado de no eliminar demasiado, ya que esto puede hacer que la guitarra suene delgada.

Si la guitarra suena nasal, generalmente es útil atenuar alrededor de 700 Hz a 1 kHz. Esto puede mejorar la claridad sin sacrificar el cuerpo de la guitarra.

Guitarras Acústicas
Realce de Frecuencias Para las guitarras acústicas, el realce de frecuencias puede mejorar su tono natural y asegurarse de que se integren bien en la mezcla. Realzar las frecuencias alrededor de 80 Hz a 120 Hz puede añadir calidez y cuerpo a la guitarra acústica, especialmente útil para partes de acompañamiento que necesitan una base sólida.

El rango de 3 kHz a 5 kHz es crucial para la definición y el ataque. Realzar estas frecuencias puede hacer que las cuerdas suenen más brillantes y definidas, asegurando que los rasgueos y los punteos se destaquen en la mezcla.

Para añadir brillo y aire a la guitarra acústica, se puede realzar ligeramente el rango de 8 kHz a 12 kHz. Esto puede proporcionar un sonido más abierto y detallado, especialmente útil para partes solistas o destacadas de la guitarra acústica.

Eliminación de Frecuencias Eliminar ciertas frecuencias puede ayudar a limpiar el sonido de la guitarra acústica y asegurar que no interfiera con otros instrumentos. Usar un filtro de paso alto para cortar por debajo de 60 Hz a 80 Hz puede eliminar el rumble y el ruido de baja frecuencia que no es necesario en la mayoría de las grabaciones de guitarra acústica.

Las frecuencias entre 200 Hz y 400 Hz pueden contribuir a un sonido turbio o "boomy". Atenuar ligeramente esta banda puede limpiar el sonido y permitir que la guitarra se mezcle mejor con otros instrumentos. Sin embargo, ten cuidado de no eliminar demasiado, ya que esto puede hacer que la guitarra suene delgada.

Si la guitarra acústica suena nasal, generalmente es útil atenuar alrededor de 500 Hz a 1 kHz. Esto puede mejorar la claridad sin sacrificar el cuerpo de la guitarra.

Técnicas Adicionales
EQ Paralela Usar EQ paralela puede ser una técnica efectiva para realzar ciertas frecuencias sin afectar la señal original. Envía la señal de la guitarra a un bus auxiliar, aplica el EQ deseado en la señal paralela y luego mezcla esta señal con la original. Esto puede permitir un control más sutil y musical de las frecuencias.

Ecualización Dinámica La ecualización dinámica puede ser útil para controlar frecuencias problemáticas que solo aparecen en ciertos momentos. Por ejemplo, si una resonancia en particular se vuelve prominente solo en ciertos acordes o notas, una EQ dinámica puede atenuar esas frecuencias solo cuando es necesario, manteniendo el sonido natural de la guitarra.

Automatización La automatización del EQ puede ser útil en canciones con dinámicas cambiantes. Durante los estribillos, puedes realzar más las frecuencias de presencia para asegurar que la guitarra destaque, y reducir estos realces en las estrofas para mantener un balance más suave.

La ecualización de guitarras eléctricas y acústicas requiere un enfoque cuidadoso para realzar las características tonales deseadas y eliminar las frecuencias problemáticas. Identificar y ajustar las frecuencias clave puede transformar una grabación de guitarra, asegurando que se integre bien en la mezcla y que suene clara, definida y musical. Con estas técnicas, puedes mejorar significativamente la calidad y el impacto de las guitarras en tus producciones musicales.

TÉCNICAS DE ECUALIZACIÓN PARA BAJOS: CLARIDAD Y DEFINICIÓN SIN PERDER CUERPO

El bajo es el fundamento de muchas mezclas musicales, proporcionando el soporte rítmico y armónico que sostiene la estructura de la canción. Sin embargo, puede ser un desafío lograr que el bajo suene claro y definido sin perder su cuerpo y profundidad. A continuación, se detallan las técnicas de ecualización para lograr este equilibrio.

Identificación de las Frecuencias Clave
El bajo abarca un rango amplio de frecuencias, desde los sub-bajos profundos hasta los medios-altos. Para una ecualización efectiva, es importante identificar y trabajar en las siguientes áreas clave:
- **Sub-bajos (20 Hz - 60 Hz):** Estas frecuencias proporcionan la sensación de profundidad y poder en el bajo. Sin embargo, pueden ser problemáticas si no se controlan adecuadamente, ya que pueden causar rumble y hacer que la mezcla suene "embarrada".

- **Graves (60 Hz - 250 Hz)**: Este rango proporciona el cuerpo principal del bajo. Realzar estas frecuencias puede añadir calidez y presencia, pero es crucial evitar el enmascaramiento con otros instrumentos.
- **Medios (250 Hz - 1 kHz)**: Las frecuencias medias son cruciales para la definición del bajo. Realzar estas frecuencias puede ayudar a que el bajo corte a través de la mezcla, pero demasiada energía en esta área puede hacer que suene nasal o "boxy".
- **Medios-altos y altos (1 kHz - 5 kHz)**: Estas frecuencias son importantes para el ataque y la claridad del bajo. Un realce sutil puede añadir presencia y ayudar a que el bajo se destaque sin competir con los otros elementos de la mezcla.

Realce de Frecuencias para Claridad y Definición

Para lograr claridad y definición en el bajo, es útil realzar ciertas frecuencias que añaden presencia y articulación. Un ligero aumento alrededor de 700 Hz a 1 kHz puede mejorar la definición y ayudar al bajo a cortar a través de la mezcla. Este realce ayuda a que las notas del bajo sean más discernibles, especialmente en arreglos densos.

Otro punto de realce útil es entre 2 kHz y 5 kHz, donde se encuentran las frecuencias de ataque. Realzar estas frecuencias puede añadir claridad y presencia, asegurando que el bajo tenga suficiente "snap" y definición en la mezcla. Sin embargo, es importante no exagerar, ya que demasiada energía en esta área puede hacer que el bajo suene demasiado brillante o agresivo.

Eliminación de Frecuencias Problemáticas

Eliminar frecuencias problemáticas es esencial para mantener la claridad y el cuerpo del bajo. Un filtro de paso alto puede ser utilizado para eliminar el rumble innecesario por debajo de 30 Hz a 40 Hz. Esto ayuda a limpiar la mezcla y evitar que las frecuencias sub-bajas interfieran con otros elementos.

Las frecuencias entre 100 Hz y 250 Hz pueden contribuir a un sonido "boomy" o "muddy". Atenuar ligeramente esta área puede limpiar el sonido del bajo sin sacrificar su cuerpo. Sin embargo, es importante no eliminar demasiado, ya que esto puede hacer que el bajo suene delgado y sin presencia.

Si el bajo suena nasal o "boxy", generalmente es útil atenuar alrededor de 250 Hz a 500 Hz. Esto puede mejorar la claridad y evitar que el bajo se enmascare con otros instrumentos de rango medio, como guitarras y teclados.

Uso de Ecualización Dinámica

La ecualización dinámica es una técnica avanzada que puede ser extremadamente útil para manejar las frecuencias problemáticas del bajo que solo aparecen en ciertos momentos. Por ejemplo, si ciertas notas del bajo son demasiado resonantes en frecuencias específicas, una EQ dinámica puede atenuar esas frecuencias solo cuando es necesario. Esto permite mantener el carácter natural del bajo mientras se controlan las resonancias problemáticas.

Compresión y EQ

La compresión puede ser una herramienta complementaria valiosa cuando se trata de ecualizar el bajo. Usar un compresor para controlar la dinámica del bajo puede asegurar que las notas más suaves sean audibles y que las notas más fuertes no dominen la mezcla. La compresión ayuda a mantener una consistencia tonal, lo que permite que los ajustes de EQ sean más efectivos.

Técnicas Adicionales

- **EQ Paralela**: Usar EQ paralela puede ayudar a realzar ciertas frecuencias del bajo sin afectar la señal original. Esto puede ser particularmente útil para añadir claridad y definición mientras se mantiene el cuerpo y la profundidad del bajo.
- **Automatización**: En canciones con dinámicas cambiantes, la automatización de EQ puede ser una

herramienta poderosa. Ajustar dinámicamente la EQ durante diferentes secciones de la canción puede asegurar que el bajo se mantenga presente y claro en todo momento.

Evaluación en el Contexto de la Mezcla
Después de aplicar ecualización y compresión, es crucial evaluar el bajo en el contexto de la mezcla completa. Asegúrate de que el bajo suene claro y definido sin interferir con otros elementos de la mezcla. Escuchar en diferentes sistemas de monitoreo y entornos puede ayudar a identificar y corregir cualquier problema que pueda no ser evidente en tu entorno de estudio principal.

TÉCNICAS DE ECUALIZACIÓN PARA BATERÍAS: INDIVIDUALIZACIÓN DE BOMBO, CAJA Y PLATILLOS

La batería es un elemento esencial en muchas mezclas musicales, proporcionando la base rítmica y la energía de la canción. Para que cada componente de la batería (bombo, caja y platillos) suene claro y definido en la mezcla, es crucial utilizar técnicas de ecualización adecuadas. A continuación, se detallan las técnicas de ecualización para individualizar cada uno de estos elementos.

Bombo (Kick Drum)

Realce de Frecuencias
El bombo es el pulso de la batería y necesita tener presencia y profundidad sin enmascarar otros elementos. Para realzar el cuerpo del bombo, enfócate en las frecuencias alrededor de 60 Hz a 100 Hz. Un ligero aumento en este rango puede añadir peso y potencia al bombo.
El ataque del bombo se encuentra generalmente entre 3 kHz y 5 kHz. Realzar estas frecuencias puede añadir claridad y

definición, permitiendo que el bombo corte a través de la mezcla sin sonar demasiado "boomy".

Eliminación de Frecuencias Problemáticas

Utiliza un filtro de paso alto para eliminar el rumble y el ruido de baja frecuencia innecesario por debajo de 40 Hz. Esto limpia el sonido del bombo y evita el enmascaramiento de otras frecuencias bajas en la mezcla.

Las frecuencias entre 200 Hz y 400 Hz pueden contribuir a un sonido "boxy". Atenuar ligeramente esta área puede mejorar la claridad y hacer que el bombo suene más definido.

Caja (Snare Drum)

Realce de Frecuencias

La caja necesita tener un buen equilibrio entre cuerpo y "crack". Realzar las frecuencias alrededor de 150 Hz a 250 Hz puede añadir calidez y cuerpo a la caja, asegurando que suene completa y potente.

El "crack" de la caja, que es crucial para su definición, se encuentra entre 1 kHz y 2 kHz. Realzar estas frecuencias puede hacer que la caja suene más presente y definida en la mezcla.

Para añadir brillo y aire a la caja, un ligero aumento alrededor de 6 kHz a 8 kHz puede ser beneficioso. Esto proporciona un sonido más vivo y detallado.

Eliminación de Frecuencias Problemáticas

Al igual que con el bombo, un filtro de paso alto puede ser utilizado para eliminar ruidos de baja frecuencia por debajo de 100 Hz. Esto ayuda a mantener la claridad y evita que la caja interfiera con otros elementos de baja frecuencia.

Si la caja suena "boxy" o nasal, atenuar alrededor de 400 Hz a 600 Hz puede mejorar la claridad y hacer que la caja se sienta más abierta y definida.

Platillos (Cymbals)

Realce de Frecuencias

Los platillos deben añadir brillo y detalle sin ser demasiado dominantes. Realzar las frecuencias alrededor de 8 kHz a 12 kHz puede añadir aire y brillo a los platillos, haciendo que suenen vivos y detallados.

Para enfatizar el ataque y la presencia, un ligero aumento en el rango de 4 kHz a 6 kHz puede ser útil. Esto ayuda a que los platillos se destaquen en la mezcla sin sonar demasiado ásperos.

Eliminación de Frecuencias Problemáticas

Utiliza un filtro de paso alto para eliminar ruidos de baja frecuencia por debajo de 200 Hz. Esto ayuda a limpiar el sonido de los platillos y evita el enmascaramiento de otros elementos de la batería y la mezcla.

Si los platillos suenan demasiado ásperos o sibilantes, atenuar ligeramente alrededor de 6 kHz a 8 kHz puede suavizar el sonido y hacer que se integren mejor en la mezcla.

Técnicas Adicionales

EQ Dinámica

La ecualización dinámica puede ser útil para manejar frecuencias problemáticas que solo aparecen en ciertos momentos. Por ejemplo, si ciertos golpes de la caja son demasiado resonantes, una EQ dinámica puede atenuar esas frecuencias solo cuando es necesario, manteniendo el carácter natural de la caja.

Compresión y EQ

La compresión es una herramienta complementaria valiosa cuando se ecualizan los elementos de la batería. Usar un compresor para controlar la dinámica puede asegurar que cada componente de la batería mantenga una presencia consistente en la mezcla. La compresión ayuda a nivelar los picos y puede hacer que los ajustes de EQ sean más efectivos.

Panning y Espacio

La ecualización es solo una parte del proceso de individualización de los elementos de la batería. El panning también juega un papel crucial. Colocar el bombo y la caja en el centro, mientras paneas los platillos hacia los lados, puede ayudar a crear un sentido de espacio y separación en la mezcla.

Evaluación Final

Después de aplicar ecualización y compresión, escucha la batería en el contexto de la mezcla completa. Asegúrate de que cada elemento de la batería suene claro y definido sin interferir con otros instrumentos. Cambia entre diferentes sistemas de monitoreo y escucha en diferentes entornos para asegurar que la batería suene bien en todos ellos.

TÉCNICAS DE ECUALIZACIÓN PARA TECLADOS Y SINTETIZADORES: ESPACIO Y PRESENCIA EN LA MEZCLA

Los teclados y sintetizadores son instrumentos versátiles que pueden abarcar una amplia gama de frecuencias y texturas en una mezcla musical. Lograr que estos instrumentos tengan espacio y presencia en la mezcla requiere una ecualización cuidadosa para resaltar sus características deseadas y evitar el enmascaramiento con otros elementos. A continuación, se detallan las técnicas de ecualización para teclados y sintetizadores, enfocándose en cómo darles espacio y presencia en la mezcla.

Identificación de las Frecuencias Clave

Graves (20 Hz - 250 Hz): Las frecuencias graves proporcionan la base y el cuerpo de los teclados y sintetizadores. Para sonidos de sintetizador de bajo, realzar ligeramente las frecuencias entre 60 Hz y 100 Hz puede añadir profundidad y potencia. Sin embargo, es importante controlar estas frecuencias para evitar el enmascaramiento con el bajo y el bombo.

Medios Bajos (250 Hz - 500 Hz): Estas frecuencias añaden calidez y cuerpo. Realzar ligeramente esta área puede hacer que los teclados suenen más llenos y ricos. No obstante, un exceso en esta área puede resultar en un sonido turbio o "muddy".

Medios (500 Hz - 2 kHz): Los medios son cruciales para la claridad y la presencia. Realzar las frecuencias alrededor de 1 kHz puede ayudar a que los teclados y sintetizadores se destaquen en la mezcla sin competir con otros instrumentos de rango medio como guitarras y voces.

Medios Altos (2 kHz - 6 kHz): Este rango es importante para el ataque y la definición. Realzar ligeramente las frecuencias alrededor de 3 kHz a 4 kHz puede añadir brillo y ayudar a que los detalles de los teclados y sintetizadores sean más audibles.

Altos (6 kHz - 20 kHz): Las frecuencias altas añaden aire y brillo. Un ligero aumento en el rango de 8 kHz a 12 kHz puede proporcionar un sonido más abierto y detallado. Sin embargo, es importante evitar un exceso de frecuencias altas para prevenir la sibilancia y la aspereza.

Realce de Frecuencias para Espacio y Presencia

Para realzar la presencia de los teclados y sintetizadores, es útil enfocarse en las frecuencias medias y altas. Un ligero aumento alrededor de 1 kHz a 3 kHz puede mejorar la claridad y ayudar a que los teclados se destaquen sin dominar la mezcla. Para añadir brillo y aire, un aumento en el rango de 8 kHz a 12 kHz puede ser efectivo.

Eliminación de Frecuencias Problemáticas

Eliminar frecuencias problemáticas es crucial para asegurar que los teclados y sintetizadores suenen limpios y definidos. Utiliza un filtro de paso alto para eliminar el rumble y el ruido de baja frecuencia por debajo de 60 Hz a 80 Hz. Esto es especialmente útil para sintetizadores que no necesitan esas frecuencias bajas y para evitar el enmascaramiento con el bajo y el bombo.

Las frecuencias entre 200 Hz y 400 Hz pueden contribuir a un sonido "boxy" o "muddy". Atenuar ligeramente esta área puede mejorar la claridad y hacer que los teclados se integren mejor en la mezcla. Si los teclados suenan nasales, atenuar alrededor de 400 Hz a 600 Hz puede mejorar su claridad y presencia.

Técnicas Adicionales

Ecualización Dinámica: La ecualización dinámica puede ser útil para controlar frecuencias problemáticas que solo aparecen en ciertos momentos. Por ejemplo, si ciertas notas o acordes de un sintetizador son demasiado resonantes en frecuencias específicas, una EQ dinámica puede atenuar esas frecuencias solo cuando es necesario, manteniendo el carácter natural del sonido.

Panning y Espacio: El panning es crucial para crear espacio en la mezcla. Colocar los teclados y sintetizadores en diferentes partes del campo estéreo puede ayudar a que cada elemento tenga su propio espacio y no compita con otros instrumentos. Por ejemplo, puedes panear un sintetizador principal ligeramente a la izquierda y un pad de fondo a la derecha para crear un equilibrio estéreo.

Reverb y Delay: El uso de reverb y delay puede ayudar a crear una sensación de espacio y profundidad en los teclados y sintetizadores. Aplicar una reverb sutil puede dar a los teclados una sensación de ambiente sin hacer que suenen demasiado distantes. El delay puede ser utilizado para añadir dimensión y movimiento, especialmente en partes rítmicas o arpegiadas de sintetizadores.

Automatización: La automatización del EQ y otros efectos puede ser útil en canciones con dinámicas cambiantes. Durante los estribillos, puedes realzar más las frecuencias de presencia para asegurar que los teclados destaquen, y reducir estos realces en las estrofas para mantener un balance más suave.

Evaluación en el Contexto de la Mezcla
Después de aplicar ecualización y otros efectos, es crucial evaluar los teclados y sintetizadores en el contexto de la mezcla completa. Asegúrate de que suenen claros y presentes sin interferir con otros elementos. Cambia entre diferentes sistemas de monitoreo y escucha en diferentes entornos para asegurar que los teclados y sintetizadores suenen bien en todos ellos.

Ecualización en la Masterización:

Objetivos de la EQ en Mastering
La ecualización durante la masterización es una etapa crucial en el proceso de producción musical. Es el toque final que se aplica a una mezcla para asegurar que suene cohesiva, equilibrada y profesional en todos los sistemas de reproducción. Los objetivos de la EQ en la masterización son variados, pero todos se centran en perfeccionar la mezcla final para que cumpla con los estándares de calidad y sonoridad del mercado.

Balance Tonal Global

Uno de los principales objetivos de la ecualización en la masterización es ajustar el balance tonal global de la mezcla. Esto implica asegurarse de que todas las frecuencias estén bien representadas y que ninguna banda de frecuencia domine o se pierda en la mezcla. Un balance tonal adecuado garantiza que la música suene natural y equilibrada en cualquier sistema de reproducción, desde altavoces de alta fidelidad hasta auriculares y sistemas de sonido portátiles. La EQ en esta etapa se utiliza para corregir cualquier deficiencia tonal que pueda haber quedado de la mezcla original, asegurando que la música tenga suficiente cuerpo en los graves, claridad en los medios y brillo en los agudos.

Corrección de Problemas Específicos

Durante la masterización, la ecualización se utiliza para corregir problemas específicos que puedan haberse pasado por alto durante la mezcla. Esto incluye eliminar resonancias no deseadas, reducir el "boominess" de los graves o atenuar frecuencias medias-altas ásperas. Por ejemplo, si una mezcla tiene un exceso de energía en el rango de 200 Hz a 300 Hz, la EQ en la masterización puede atenuar esa área para reducir el enmascaramiento y mejorar la claridad general. La corrección de estos problemas específicos ayuda a pulir la mezcla y asegurar que cada elemento suene claro y definido.

Consistencia entre Pistas

Otro objetivo importante de la EQ en la masterización es asegurar la consistencia tonal entre todas las pistas de un álbum o un EP. Las diferentes canciones deben sonar como parte de un mismo conjunto, con un balance tonal cohesivo. La EQ en la masterización se utiliza para nivelar las diferencias entre las pistas, asegurando que ninguna suene demasiado diferente en términos de tono y equilibrio. Esto es especialmente crucial cuando las pistas han sido mezcladas en diferentes sesiones o estudios, donde las variaciones en el equipo y el entorno pueden afectar el sonido final.

Realce Creativo

Más allá de la corrección y el equilibrio tonal, la EQ en la masterización también se utiliza para realzar creativamente ciertos aspectos del sonido. Esto puede incluir añadir brillo a los agudos para dar más "aire" y claridad, o aumentar ligeramente los graves para añadir profundidad y poder. Los ingenieros de masterización pueden usar la EQ para resaltar las características únicas de la música, añadiendo el toque final que hace que una pista suene profesional y atractiva. Este realce creativo debe hacerse con sutileza, asegurando que el carácter original de la mezcla se mantenga intacto mientras se mejora su presentación general.

Preparación para Diferentes Formatos

La ecualización en la masterización también juega un papel crucial en la preparación de la música para diferentes formatos y plataformas de reproducción. Diferentes sistemas y medios pueden tener diferentes características de reproducción, y la EQ se utiliza para asegurar que la mezcla suene bien en todos ellos. Por ejemplo, la masterización para vinilo puede requerir un enfoque diferente en la EQ que la masterización para streaming digital, debido a las limitaciones físicas y las características de cada formato. Ajustar la EQ para estos formatos específicos garantiza que la música se traduzca bien y suene óptima en cualquier contexto.

Gestión de la Dinámica

Aunque la gestión de la dinámica se asocia más comúnmente con la compresión y la limitación, la EQ también puede influir en la percepción de la dinámica en una mezcla. Al reducir frecuencias problemáticas que pueden causar fatiga auditiva, la EQ puede ayudar a que la música suene más abierta y menos congestionada. Esto puede mejorar la percepción de la dinámica, haciendo que la música suene más viva y menos comprimida, incluso cuando se aplican procesos de limitación para alcanzar los niveles de sonoridad deseados.

Evaluación y Ajustes Finitos

El proceso de masterización incluye una evaluación crítica de la mezcla final, y la EQ se utiliza para hacer ajustes finos que perfeccionen el sonido. Esto puede incluir pequeños retoques para suavizar resonancias, realzar frecuencias específicas que añadan brillo y detalle, o ajustar el balance general para asegurar que la música suene bien en una variedad de sistemas de reproducción. Estos ajustes finos son la culminación del proceso de masterización, asegurando que la música esté lista para su distribución y consumo.

EQ GLOBAL VS. EQ ESPECÍFICA

En la masterización, la ecualización juega un papel crucial para refinar y pulir la mezcla final. Los ingenieros de masterización emplean tanto la EQ global como la EQ específica para lograr un sonido equilibrado y cohesivo. Cada enfoque tiene aplicaciones prácticas distintas y se utiliza en diferentes contextos según las necesidades de la mezcla.

EQ Global

La EQ global se aplica a toda la mezcla de manera uniforme. Su propósito es ajustar el balance tonal general y corregir cualquier problema que afecte a la mezcla completa. Este tipo de ecualización es especialmente útil cuando se necesita realizar ajustes generales en el sonido, como añadir brillo a las frecuencias altas, aumentar la calidez en los graves o ajustar los medios para mayor claridad.

Un ejemplo práctico de EQ global sería el uso de una curva shelving para realzar las frecuencias altas a partir de 10 kHz. Este ajuste puede añadir aire y brillo a la mezcla, haciendo que suene más abierta y detallada. Del mismo modo, una curva shelving en los graves por debajo de 100 Hz puede aumentar la profundidad y el impacto del sonido sin afectar las frecuencias medias y altas.

La EQ global es ideal para corregir desequilibrios tonales que afectan a la mezcla en su conjunto. Por ejemplo, si una mezcla suena opaca y sin vida, un ligero realce en el rango de 3 kHz a 5 kHz puede devolverle la claridad y la presencia necesarias. Este tipo de ajuste se realiza con moderación para evitar sobreprocesar la mezcla y mantener la naturalidad del sonido original.

EQ Específica

La EQ específica se enfoca en áreas particulares de la mezcla que necesitan atención especial. Este tipo de ecualización se utiliza para abordar problemas concretos, como resonancias no deseadas, frecuencias molestas o para realzar elementos específicos sin afectar el resto de la mezcla. La EQ específica permite ajustes más precisos y detallados, asegurando que solo las frecuencias problemáticas o deseadas sean modificadas.

Una aplicación práctica de la EQ específica es el uso de una curva de campana con un Q estrecho para atenuar una resonancia molesta alrededor de 200 Hz. Este tipo de resonancia puede hacer que la mezcla suene "boomy" o turbia, y atenuarla mejora la claridad y el equilibrio tonal. Otra aplicación es el realce de una banda estrecha alrededor de 1 kHz a 2 kHz para dar más presencia y definición a la mezcla sin añadir aspereza.

La EQ específica también es útil para ajustar elementos individuales dentro de la mezcla. Por ejemplo, si la voz principal necesita más presencia, se puede utilizar una EQ específica para realzar las frecuencias entre 2 kHz y 4 kHz, donde se encuentra la claridad vocal, sin afectar el resto de la mezcla. Este tipo de ajuste permite destacar elementos importantes y asegurar que se integren de manera armoniosa en el contexto general de la mezcla.

Aplicaciones Combinadas

En la práctica, los ingenieros de masterización a menudo combinan la EQ global y la EQ específica para lograr los mejores resultados. Por ejemplo, pueden empezar con ajustes globales para establecer un balance tonal general y luego usar EQ específica para afinar detalles y solucionar problemas puntuales. Este enfoque permite un control preciso y una refinación detallada, asegurando que la mezcla final sea clara, equilibrada y profesional.

En una sesión de masterización, el ingeniero puede comenzar aplicando una EQ global para ajustar el carácter tonal general de la mezcla, asegurándose de que suene equilibrada en todas las frecuencias. Una vez logrado el balance tonal deseado, el ingeniero puede identificar y abordar problemas específicos con EQ detallada, como atenuar frecuencias resonantes o realzar elementos que necesitan más presencia.

Ejemplo Práctico

Imaginemos una mezcla que suena un poco opaca y falta de claridad general. El ingeniero de masterización puede aplicar una EQ global para realzar las frecuencias altas con una curva shelving a partir de 10 kHz. Este ajuste añade el brillo necesario, haciendo que la mezcla suene más abierta y detallada. Sin embargo, después de este ajuste, se nota una resonancia molesta alrededor de 250 Hz. El ingeniero entonces utiliza una EQ específica con una curva de campana y un Q estrecho para atenuar esa frecuencia, eliminando la resonancia sin afectar el resto de la mezcla.

Además, si la voz principal necesita destacarse más, se puede usar una EQ específica para realzar las frecuencias entre 2 kHz y 4 kHz, añadiendo presencia sin interferir con otros elementos. Estos ajustes combinados aseguran que la mezcla no solo suene equilibrada y brillante, sino también clara y libre de resonancias problemáticas.

CORRECCIÓN DE PROBLEMAS DE FRECUENCIA

La corrección de problemas de frecuencia es una de las tareas más importantes en la masterización, ya que garantiza que la mezcla final suene clara, equilibrada y libre de resonancias o picos molestos. Identificar y ajustar problemas de frecuencia de manera precisa puede transformar una mezcla buena en una excelente. A continuación, exploraremos cómo identificar y corregir estos problemas durante la masterización.

Identificación de Problemas de Frecuencia

El primer paso en la corrección de problemas de frecuencia es la identificación de las áreas problemáticas. Esto implica una escucha crítica y el uso de herramientas de análisis de frecuencia. Los problemas de frecuencia comunes incluyen resonancias, picos molestos y áreas de enmascaramiento donde ciertas frecuencias dominan y oscurecen otras.

Una resonancia es una acumulación excesiva de energía en una banda de frecuencia específica, que puede hacer que la mezcla suene "boomy" o "boxy". Los picos molestos suelen estar en las frecuencias medias y altas, causando fatiga auditiva. El enmascaramiento ocurre cuando una frecuencia dominante impide que otras frecuencias se escuchen claramente, afectando el balance tonal de la mezcla.

Utilizar un analizador de espectro es muy útil en este proceso. Al visualizar el espectro de frecuencias de la mezcla, se pueden identificar picos inusualmente altos o resonancias que necesitan ser abordadas. Esto se complementa con la escucha crítica, donde se presta atención a cualquier frecuencia que sobresalga de manera no deseada.

Ajuste de Problemas de Frecuencia

Una vez identificados los problemas de frecuencia, el siguiente paso es el ajuste. Para las resonancias, se puede utilizar una curva de campana (bell curve) con un Q estrecho para atenuar la frecuencia específica que está causando el problema. Por ejemplo, si una resonancia en 250 Hz está haciendo que la mezcla suene "boomy", se puede atenuar esa frecuencia en 2 a 4 dB para limpiar el sonido sin afectar otras frecuencias.

Para picos molestos en las frecuencias altas, que suelen causar fatiga auditiva, se puede usar una curva de campana con un Q medio a estrecho para atenuar las frecuencias problemáticas. Por ejemplo, si hay un pico en 4 kHz que hace que la mezcla suene demasiado agresiva, atenuar esa frecuencia en 2 a 3 dB puede suavizar el sonido y hacer la mezcla más agradable de escuchar.

El enmascaramiento se aborda identificando la frecuencia dominante y ajustándola para que permita a otras frecuencias ser más audibles. Por ejemplo, si las frecuencias medias-bajas alrededor de 300 Hz están enmascarando las frecuencias medias-altas, atenuar ligeramente en 300 Hz puede abrir espacio para que las frecuencias medias-altas sean más claras y presentes.

Uso de Herramientas de EQ en Masterización

Los plugins de EQ utilizados en la masterización, como FabFilter Pro-Q 3 o iZotope Ozone EQ, ofrecen características avanzadas para una corrección precisa de problemas de frecuencia. Estos plugins permiten ajustes detallados y visualización en tiempo real del espectro de frecuencias, lo que facilita la identificación y corrección de problemas.

Además, la EQ dinámica puede ser muy útil para corregir problemas de frecuencia que varían en intensidad a lo largo de la mezcla. La EQ dinámica permite ajustar las frecuencias problemáticas solo cuando alcanzan un cierto umbral de amplitud. Esto es ideal para resonancias o picos molestos que solo son problemáticos en ciertas partes de la canción.

Aplicación Práctica en la Masterización

Durante una sesión de masterización, el ingeniero puede comenzar con una escucha crítica de la mezcla completa, identificando cualquier problema de frecuencia utilizando tanto el oído como un analizador de espectro. Una vez identificados los problemas, se procede a hacer ajustes precisos con un ecualizador paramétrico.

Por ejemplo, al identificar una resonancia en 250 Hz que hace que la mezcla suene "boomy", se ajusta una curva de campana con un Q estrecho para atenuar esa frecuencia. Luego, se puede notar un pico molesto en 4 kHz, y se aplica una atenuación similar para suavizar el sonido. Finalmente, si hay enmascaramiento en las frecuencias medias-bajas, se realiza un ajuste para abrir espacio en el espectro, mejorando la claridad y el balance tonal de la mezcla.

Evaluación y Refinamiento

Después de hacer los ajustes iniciales, es crucial escuchar nuevamente la mezcla para evaluar el impacto de las correcciones. Es posible que se necesiten ajustes adicionales o refinamientos para lograr el equilibrio perfecto. Escuchar la mezcla en diferentes sistemas de monitoreo y entornos puede ayudar a asegurar que los problemas de frecuencia se hayan corregido adecuadamente y que la mezcla suene bien en cualquier contexto.

EQ EN MASTERING: EQUIPOS Y SOFTWARE RECOMENDADOS

La ecualización en la masterización requiere herramientas precisas y de alta calidad para lograr los mejores resultados. Tanto el hardware clásico como los plugins modernos de software ofrecen una amplia gama de características que pueden ayudar a los ingenieros de masterización a alcanzar un equilibrio tonal perfecto y corregir problemas de frecuencia. A continuación, se presentan algunas de las herramientas de EQ más recomendadas en la masterización, abarcando tanto equipos de hardware como software.

Equipos de Hardware Recomendados

Manley Massive Passive

El Manley Massive Passive es un ecualizador pasivo de válvulas altamente respetado en la industria de la masterización. Su diseño único permite ajustes amplios y musicales que pueden añadir calidez y carácter a una mezcla sin introducir aspereza. Es conocido por su capacidad para realzar las frecuencias altas de manera suave y detallada, así como para manejar los graves con firmeza y claridad. Este equipo es ideal para la masterización debido a su capacidad para realizar ajustes sutiles que transforman el sonido de manera significativa.

API 5500

El API 5500 es una versión de rack del legendario ecualizador API 550, conocido por su sonido punchy y su capacidad para añadir presencia y claridad. Ofrece dos canales de ecualización con tres bandas cada uno, con frecuencias seleccionables y un diseño de ecualización proporcional que permite ajustes precisos sin afectar las frecuencias adyacentes. Es una herramienta versátil que puede ser utilizada tanto para corrección tonal como para realce creativo, siendo particularmente efectiva en las frecuencias medias y altas.

Dangerous Music BAX EQ

El Dangerous Music BAX EQ está inspirado en el clásico diseño Baxandall, conocido por su respuesta suave y musical. Este ecualizador es especialmente valorado por su capacidad para realizar ajustes de shelving en los extremos del espectro de frecuencia, proporcionando un control preciso sobre los graves y los agudos. Es ideal para dar los toques finales a una mezcla, añadiendo brillo y claridad o reforzando los graves sin afectar la naturalidad del sonido original.

SPL PQ (Parametric Equalizer)

El SPL PQ es un ecualizador paramétrico de alta gama que ofrece un control extremadamente preciso sobre cinco bandas de frecuencia. Su diseño permite realizar ajustes finos y detallados, lo que lo hace ideal para la corrección de problemas específicos y para el realce de características tonales. El PQ es conocido por su transparencia y su capacidad para mantener la integridad del sonido original mientras se realizan los ajustes necesarios.

Software de EQ Recomendado

FabFilter Pro-Q 3
El FabFilter Pro-Q 3 es uno de los plugins de ecualización más versátiles y poderosos disponibles en la actualidad. Ofrece hasta 24 bandas de ecualización, cada una configurable como bell, shelving, notch, band-pass, o all-pass. Su interfaz visual intuitiva permite ver y ajustar el espectro de frecuencias en tiempo real, facilitando la identificación de problemas y la aplicación de ajustes precisos. Las características avanzadas como la ecualización dinámica y los modos de lineal phase y zero latency lo hacen ideal para la masterización.

iZotope Ozone EQ
Parte del paquete de masterización Ozone, el iZotope Ozone EQ ofrece una combinación de ecualización paramétrica y dinámica. Su interfaz gráfica avanzada y sus capacidades de análisis en tiempo real permiten realizar ajustes precisos y efectivos. El Ozone EQ es especialmente útil para la masterización debido a sus módulos adicionales de procesamiento que facilitan un flujo de trabajo integral, permitiendo una mayor coherencia y control sobre el sonido final.

Waves Linear Phase EQ
El Waves Linear Phase EQ es conocido por su capacidad para realizar ajustes de frecuencia sin introducir distorsión de fase. Esta característica es crucial en la masterización, donde la preservación de la coherencia temporal es esencial. Este plugin ofrece seis bandas de ecualización con opciones de bell y shelving, permitiendo ajustes detallados y transparentes. Es

particularmente efectivo para realizar correcciones sutiles y realces en la mezcla final.

DMG Audio EQuilibrium

El DMG Audio EQuilibrium es un plugin de ecualización altamente configurable que ofrece una flexibilidad sin igual. Permite elegir entre varios modos de EQ, incluyendo analógico, digital y linear phase, cada uno con sus propias características sonoras. Su capacidad para personalizar el comportamiento de cada banda de ecualización lo hace ideal para ajustes detallados y específicos en la masterización. La interfaz de usuario es intuitiva y ofrece un análisis en tiempo real del espectro de frecuencias.

Integración en el Flujo de Trabajo

Para lograr una masterización efectiva, es esencial integrar estas herramientas de EQ en el flujo de trabajo de manera coherente. Comenzar con una evaluación crítica de la mezcla utilizando analizadores de espectro y herramientas de visualización puede ayudar a identificar problemas de frecuencia. A partir de ahí, se pueden aplicar ajustes iniciales con un EQ paramétrico preciso como el FabFilter Pro-Q 3 o el iZotope Ozone EQ.

Para ajustes más detallados y específicos, un EQ dinámico puede ser útil para manejar resonancias problemáticas o frecuencias que varían en intensidad. Herramientas como el Manley Massive Passive o el API 5500 pueden proporcionar el carácter y el color necesarios para dar los toques finales a la mezcla.

Finalmente, la evaluación y el refinamiento continuos son esenciales. Escuchar la mezcla en diferentes sistemas de monitoreo y realizar ajustes finos con herramientas como el Waves Linear Phase EQ o el SPL PQ puede asegurar que la mezcla final suene clara, equilibrada y profesional en cualquier entorno de reproducción.

Novedades y futuro de la Ecualización

La inteligencia artificial (IA) ha comenzado a desempeñar un papel cada vez más importante en la producción musical, incluyendo la ecualización automatizada. El uso de IA en la ecualización puede ofrecer numerosos beneficios, como eficiencia mejorada, precisión en los ajustes y la capacidad de tomar decisiones informadas basadas en grandes volúmenes de datos. A continuación, se exploran las aplicaciones prácticas del uso de IA en la ecualización, así como algunos de los plugins y herramientas que incorporan estas tecnologías avanzadas.

Beneficios de la EQ Automatizada con IA

La IA puede analizar rápidamente una pista de audio y realizar ajustes precisos de ecualización basados en algoritmos entrenados en una amplia variedad de estilos musicales y técnicas de mezcla. Esto permite a los productores e ingenieros de sonido ahorrar tiempo y obtener resultados consistentes de alta calidad.

Una de las principales ventajas de la EQ automatizada con IA es su capacidad para identificar problemas de frecuencia que pueden ser difíciles de detectar manualmente. La IA puede analizar el espectro de frecuencias de una pista y detectar resonancias, picos molestos y áreas de enmascaramiento, proponiendo o aplicando ajustes para optimizar el balance tonal.

Herramientas de EQ Automatizada con IA

iZotope Neutron

iZotope Neutron es uno de los plugins más avanzados que utiliza inteligencia artificial para ecualización y otras tareas de mezcla. Su asistente de mezcla (Mix Assistant) analiza la pista y sugiere ajustes de EQ, compresión, excitación y más. El EQ dinámico de Neutron puede adaptarse automáticamente a los cambios en la señal de audio, asegurando que los ajustes sean precisos y reactivos. Neutron también incluye un "Masking Meter" que identifica y sugiere correcciones para problemas de enmascaramiento entre pistas.

FabFilter Pro-Q 3 con EQ Match

FabFilter Pro-Q 3, aunque no está basado en IA, incluye una función de EQ Match que utiliza algoritmos avanzados para igualar el espectro de frecuencias de una pista de referencia. Esto puede ser útil para lograr un sonido consistente y profesional rápidamente. La herramienta analiza las diferencias entre las pistas y aplica automáticamente una curva de EQ para acercar la pista objetivo al perfil tonal de la referencia.

Sonible smart

Sonible Smart 3 es otro ejemplo de un plugin que utiliza IA para la ecualización. Este plugin analiza la señal de audio y aplica ajustes de EQ automáticamente para optimizar el balance tonal y la claridad. Smart
3 ofrece perfiles de ecualización específicos para diferentes tipos de instrumentos y voces, permitiendo ajustes precisos adaptados a las características únicas de cada fuente de sonido.

Oeksound Soothe2

Oeksound Soothe2 es un plugin que utiliza algoritmos inteligentes para la supresión de resonancias y frecuencias problemáticas. Aunque no es estrictamente un ecualizador, su capacidad para identificar y reducir automáticamente las resonancias no deseadas lo convierte en una herramienta valiosa para el control tonal. Soothe2 analiza la señal de audio en tiempo real y aplica atenuaciones dinámicas a las frecuencias que causan problemas, mejorando la claridad y la suavidad del sonido.

Aplicaciones Prácticas en el Flujo de Trabajo

En un flujo de trabajo típico, el uso de la EQ automatizada con IA puede comenzar con un análisis inicial de la pista. Por ejemplo, un ingeniero de sonido puede utilizar iZotope Neutron para analizar una pista vocal. El asistente de mezcla sugerirá ajustes de EQ para realzar la claridad y presencia de la voz, y puede aplicar compresión y otros efectos según sea necesario.

Luego, el ingeniero puede utilizar el "Masking Meter" de Neutron para identificar problemas de enmascaramiento entre la voz y otros instrumentos, como guitarras o teclados. El plugin sugerirá ajustes de EQ para minimizar el enmascaramiento y mejorar la claridad de cada elemento en la mezcla.

Si se está trabajando en una mezcla completa, FabFilter Pro-Q 3 con EQ Match puede ser utilizado para igualar el perfil tonal de varias pistas a una pista de referencia. Esto es especialmente útil en la masterización, donde es crucial asegurar que todas las pistas de un álbum suenen cohesivas y equilibradas.

Finalmente, el ingeniero puede utilizar Sonible smart 3 para aplicar ajustes finales de EQ, optimizando el balance tonal de toda la mezcla. Smart 3 ajustará automáticamente las curvas de EQ basadas en el análisis de la señal de audio, asegurando que cada elemento tenga su propio espacio en el espectro de frecuencias.

Limitaciones y Consideraciones

Aunque la EQ automatizada con IA ofrece numerosas ventajas, es importante recordar que estas herramientas no reemplazan el juicio y la experiencia de un ingeniero de sonido. La IA puede proporcionar una base sólida y sugerencias útiles, pero las decisiones finales deben ser tomadas por humanos que entiendan el contexto musical y los objetivos artísticos de la producción.

Además, el uso de IA en la ecualización puede llevar a resultados homogéneos si no se utilizan con cuidado. Es esencial ajustar y personalizar los ajustes automáticos para asegurarse de que la mezcla final tenga carácter y personalidad únicos.

Errores Comunes y Cómo Evitarlos

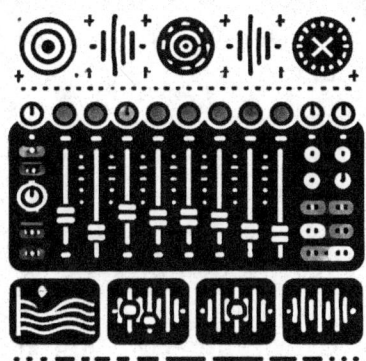

Sobreprocesamiento en la Ecualización: Identificación y Soluciones

El sobreprocesamiento es uno de los errores más comunes en la ecualización y puede llevar a una mezcla que suene artificial, fatigante o incluso desagradable. Identificar los signos de sobreprocesamiento y saber cómo evitarlos es crucial para lograr una mezcla natural y equilibrada.

Identificación del Sobreprocesamiento

El primer paso para evitar el sobreprocesamiento es reconocer sus signos. Uno de los síntomas más evidentes es una mezcla que suena artificial o carente de naturalidad. Esto puede suceder cuando se aplican demasiados ajustes de EQ, resultando en un sonido que no respeta las características tonales originales de los instrumentos y voces.

Otro signo de sobreprocesamiento es la fatiga auditiva. Si después de escuchar la mezcla durante un período prolongado sientes que te resulta agotador o incómodo, es probable que hayas aplicado demasiada ecualización, especialmente en las frecuencias altas. Las frecuencias altas en exceso pueden ser especialmente fatigantes, causando que la mezcla suene demasiado brillante o sibilante.

La pérdida de la coherencia tonal es otro indicador de sobreprocesamiento. Esto ocurre cuando las bandas de frecuencia han sido modificadas de manera excesiva, resultando en un sonido desequilibrado. Por ejemplo, si se ha reducido demasiado las frecuencias bajas para evitar el enmascaramiento, el resultado puede ser una mezcla que suena delgada y sin cuerpo.

Soluciones para Evitar el Sobreprocesamiento

Para evitar el sobreprocesamiento, es fundamental aplicar la ecualización de manera sutil y deliberada. Comienza con pequeños ajustes y escucha atentamente cómo afectan la mezcla. En lugar de realizar grandes cambios, intenta realizar ajustes incrementales, revisando constantemente el resultado.

Utiliza el bypass de manera frecuente para comparar la señal procesada con la original. Esto te ayudará a mantener una perspectiva y evitar aplicar cambios innecesarios. Si la mezcla suena mejor sin ciertos ajustes, es probable que esos cambios no sean necesarios.

Es útil también emplear la técnica de "ecualización sustractiva" antes de realizar cualquier realce. Esta técnica implica identificar y atenuar frecuencias problemáticas antes de añadir cualquier ganancia. Al eliminar primero las resonancias no deseadas o los picos molestos, puedes mejorar la claridad de la mezcla sin la necesidad de añadir exceso de frecuencias.

La escucha crítica en diferentes sistemas de reproducción es esencial para evitar el sobreprocesamiento. Revisa la mezcla en monitores de estudio, auriculares y sistemas de sonido domésticos para asegurarte de que suene bien en todos ellos. Si una mezcla suena demasiado procesada en uno de estos sistemas, es probable que necesites hacer ajustes.

Además, la automatización puede ser una herramienta valiosa para evitar el sobreprocesamiento. En lugar de aplicar ajustes de EQ fijos a lo largo de toda la pista, utiliza la automatización para ajustar la EQ en diferentes partes de la canción según sea necesario. Esto permite una ecualización más dinámica y adaptativa, evitando cambios drásticos y manteniendo la naturalidad del sonido.

Trabajar con referencia a pistas profesionales es otra estrategia eficaz. Comparar tu mezcla con grabaciones profesionales puede ayudarte a mantener un estándar de calidad y evitar el sobreprocesamiento. Escucha cómo se manejan las frecuencias en las mezclas de referencia y utiliza esta información para guiar tus propios ajustes de EQ.

Por último, recuerda que menos es más. La tentación de utilizar todas las herramientas y técnicas disponibles puede ser grande, pero la clave de una buena mezcla a menudo radica en la sutileza y la moderación. Confía en tus oídos y en la calidad de la grabación original, y aplica la ecualización solo cuando sea realmente necesario.

ENMASCARAMIENTO DE FRECUENCIAS: CÓMO DETECTARLO Y CORREGIRLO

El enmascaramiento de frecuencias es un problema común en la mezcla musical que ocurre cuando ciertos sonidos ocultan o "enmascaran" otros debido a la competencia en el mismo rango de frecuencias. Esto puede llevar a una mezcla desequilibrada donde algunos elementos no se escuchan claramente. A continuación, se explica cómo detectar y corregir el enmascaramiento de frecuencias para lograr una mezcla clara y equilibrada.

Detectar el Enmascaramiento de Frecuencias
La detección del enmascaramiento de frecuencias comienza con una escucha crítica y el uso de herramientas de análisis de espectro. Los signos de enmascaramiento incluyen:

1. **Pérdida de Claridad**: Si ciertos instrumentos o voces no se escuchan claramente, especialmente en las frecuencias medias donde suelen competir múltiples elementos.
2. **Sonido Embarrado**: Una mezcla que suena "embarrada" o confusa, donde los graves y medios bajos están saturados.
3. **Falta de Definición**: Instrumentos que deberían estar definidos suenan apagados o carecen de presencia.

Para detectar el enmascaramiento, puedes usar analizadores de espectro como los incluidos en plugins de ecualización o herramientas dedicadas como iZotope Insight. Estos te permiten visualizar el contenido de frecuencias y ver dónde se solapan los picos de diferentes pistas.

Corregir el Enmascaramiento de Frecuencias

La corrección del enmascaramiento de frecuencias implica varios pasos y técnicas de ecualización:

1. **Ecualización Sustractiva**: Esta es la técnica más efectiva para corregir el enmascaramiento. Identifica las frecuencias que compiten entre sí y atenúa ligeramente una de las pistas en esas frecuencias. Por ejemplo, si el bajo y el bombo están enmascarándose mutuamente en el rango de 60-100 Hz, puedes atenuar esa banda en una de las pistas (usualmente el bajo) para darle espacio al bombo.
2. **Análisis de la Competencia de Frecuencias**: Usa un plugin de análisis como el "Masking Meter" en iZotope Neutron, que te muestra visualmente dónde ocurren los problemas de enmascaramiento entre las pistas. Esto te ayuda a identificar rápidamente qué frecuencias ajustar.
3. **Paneo y Espacio Estéreo**: Otra técnica para evitar el enmascaramiento es utilizar el paneo para colocar los instrumentos en diferentes partes del campo estéreo. Por ejemplo, las guitarras rítmicas pueden ser paneadas a los lados, dejando el centro para la voz y el bombo.

4. **Ecualización Dinámica**: Utiliza la ecualización dinámica para controlar las frecuencias problemáticas que solo enmascaran en ciertos momentos. La EQ dinámica ajusta la ganancia de una frecuencia específica solo cuando esa frecuencia se vuelve problemática, lo que es ideal para instrumentos que tienen variaciones dinámicas significativas.

5. **Filtro de Paso Alto (High-Pass Filter)**: Aplica filtros de paso alto en pistas que no necesiten frecuencias bajas. Esto es especialmente útil para limpiar el rango de bajos y medios bajos, dejando más espacio para el bombo y el bajo. Por ejemplo, en guitarras eléctricas rítmicas o voces, un filtro de paso alto ajustado a 80-100 Hz puede eliminar el rumble innecesario.

6. **Realce Complementario**: Además de la ecualización sustractiva, puedes usar el realce complementario. Si atenúas una frecuencia en una pista, puedes realzar ligeramente la misma frecuencia en otra pista para ayudar a diferenciar los elementos. Por ejemplo, si atenúas 200 Hz en el bajo, podrías realzar ligeramente esa frecuencia en la guitarra rítmica para darle más cuerpo sin causar enmascaramiento.

Ejemplo Práctico

Imaginemos una mezcla donde la voz principal y una guitarra rítmica están enmascarándose mutuamente en el rango de 2 kHz a 4 kHz, lo que causa que la voz pierda presencia y claridad. Aquí está cómo podrías corregir esto:

1. **Identificación**: Usa un analizador de espectro para confirmar que ambas pistas tienen picos significativos en el rango de 2 kHz a 4 kHz.

2. **Ecualización Sustractiva**: En la pista de guitarra, aplica una curva de campana (bell curve) con un Q medio y atenúa ligeramente en el rango de 2 kHz a 4 kHz.

3. **Realce Complementario**: Para compensar, puedes realzar ligeramente las frecuencias de 2 kHz a 4 kHz en la voz, si es necesario, para darle más presencia.
4. **Evaluación**: Escucha la mezcla para verificar si la voz ha ganado claridad sin que la guitarra suene demasiado débil. Ajusta según sea necesario.

Mal Uso del Q: Comprender el Ancho de Banda Adecuado

El parámetro Q, o "factor de calidad", es esencial en la ecualización para determinar el ancho de la banda de frecuencias afectadas. Un mal uso del Q puede llevar a problemas como ajustes ineficaces, resonancias no deseadas o un sonido artificial. Comprender cómo utilizar correctamente el Q es crucial para lograr una ecualización precisa y musical.

Qué es el Q y Cómo Funciona

El Q controla la amplitud de la curva de ecualización. Un Q alto significa una banda de frecuencias estrecha, mientras que un Q bajo significa una banda más ancha.

- **Q Alto (Narrow Q)**: Afecta una banda estrecha de frecuencias, ideal para cortar o realzar frecuencias específicas sin afectar el sonido circundante. Esto es útil para eliminar resonancias problemáticas o realzar armónicos específicos.
- **Q Bajo (Wide Q)**: Afecta una banda más amplia de frecuencias, adecuado para realizar ajustes generales que suavizan o realzan una región más extensa del espectro. Esto es útil para hacer que un sonido sea más cálido o más brillante sin sonar demasiado localizado.

Problemas Comunes con el Mal Uso del Q

1. **Sobrecompensación con Q Alto**: Usar un Q demasiado alto para cortar una frecuencia puede

introducir artefactos o un sonido artificial. Por ejemplo, si se usa un Q muy alto para cortar 3 kHz en una voz, puede resultar en una sibilancia o resonancia incómoda, dejando un "hueco" audible en el espectro.

2. **Pérdida de Naturalidad con Q Bajo**: Realzar o cortar con un Q muy bajo puede afectar demasiadas frecuencias, haciendo que el ajuste suene poco musical o alterando el carácter del sonido de manera no deseada. Por ejemplo, al realzar 1 kHz con un Q bajo en una guitarra, puede hacer que suene nasal o boomy.

3. **Ineficacia en la Corrección**: Un Q inapropiado puede hacer que los ajustes sean ineficaces. Un Q demasiado bajo puede no abordar adecuadamente una resonancia problemática, mientras que un Q demasiado alto puede hacer que los cambios sean demasiado drásticos y localizados.

Comprender el Uso Adecuado del Q

1. **Ajustes de Q Alto (Narrow Q)**: Se utilizan mejor para cortar frecuencias problemáticas específicas. Por ejemplo, si hay una resonancia en 250 Hz en un bombo, un Q alto puede atenuar esa frecuencia sin afectar el resto del espectro. Esto es especialmente útil en la ecualización sustractiva para eliminar ruidos o resonancias no deseadas.

2. **Ajustes de Q Bajo (Wide Q)**: Son más adecuados para realzar o cortar bandas más amplias de frecuencias para ajustes tonales generales. Por ejemplo, al realzar 100 Hz para añadir calidez a un bajo, usar un Q bajo asegura que el ajuste suene natural y no afecte sólo una nota específica, sino una gama más amplia del espectro.

3. **Uso Contextual del Q**: La elección del Q también depende del contexto de la mezcla. Para elementos que deben destacar claramente, como una voz principal, usar un Q medio para realzar el rango de 2 kHz a 4 kHz puede añadir claridad sin sonar artificial. En una mezcla más densa, usar un Q bajo para ajustar bandas más

amplias puede ayudar a integrar los elementos sin sobresalir excesivamente.

Ejemplo Práctico de Ajuste del Q

Supongamos que estás mezclando una pista vocal que suena nasal y necesita más presencia. Aquí hay un ejemplo de cómo ajustar el Q:

1. **Identificación de Problemas**: Usa un analizador de espectro o escucha crítica para identificar que la nasalidad está alrededor de 1 kHz y que la presencia deseada está alrededor de 3 kHz.

2. **Atenuación de la Nasalidad**: Ajusta un Q alto (narrow Q) para cortar alrededor de 1 kHz. Comienza con una atenuación de 2 a 3 dB y ajusta según sea necesario. Un Q alto aquí asegura que estás cortando sólo la frecuencia problemática sin afectar demasiado las frecuencias adyacentes.

3. **Realce de la Presencia**: Usa un Q medio (medium Q) para realzar alrededor de 3 kHz. Comienza con un aumento de 2 a 3 dB y ajusta según sea necesario. Un Q medio permite que el ajuste realce una gama más amplia de frecuencias, añadiendo presencia de manera natural.

Evaluación y Ajustes Finos

Después de aplicar los ajustes, escucha la mezcla en contexto. Usa el bypass para comparar la señal procesada con la original y asegúrate de que los cambios mejoren el sonido sin introducir nuevos problemas. Ajusta el Q y la ganancia según sea necesario para lograr un balance óptimo.

Test de ecualización

A. Ecualizar implica:

1. cambiar la tonalidad de un instrumento.
2. disminuir o aumentar determinadas frecuencias de un sonido.
3. hacer que un instrumento suene con más volumen.

B. La ecualización correctiva sirve para:

1. Restaurar, reparar o limpiar un sonido.
2. Crear efectos para dar un toque creativo y diferente al sonido.
3. Modificar la frecuencia fundamental de un sonido.

C. Para Aumentar o exagerar ciertas frecuencias para hacer que un instrumento destaque o brille en la mezcla, necesitamos:

1. la compresión

2. la ecualización correctiva

3. la ecualización creativa.

D. Escoge la afirmación correcta:

1. El filtro paso alto deja pasar todas las frecuencias altas y quita las frecuencias graves.

2. El filtro paso alto deja pasar todas las frecuencias bajas y quita las frecuencias altas.

3. El paso bajo se usa generalmente para recortar frecuencias de bajo profundo que puedan molestar en la mezcla.

E. Escoge la afirmación correcta:

1. Cuanto más alta sea la Q, la forma de la campana es más estrecha y afilada.

2. Si la Q de la campana es menor, entonces la forma de la campana es muy estrecha y afilada.

3. Cuanto más alta sea la Q, la curva será más ancha y el sonido es más suave.

F. Escoge la afirmación correcta:

1. El ecualizador gráfico es el tipo de ecualizador más preciso y versátil.

2. El EQ gráfico sólo puede ser analógico.

3. El ecualizador paramétrico es el tipo de ecualizador más preciso y versátil.

G. Una frecuencia fundamental es:

1. El conjunto de armónicos del sonido completo.

2. La frecuencia dominante y más característica de un instrumento.

3. La frecuencia más alta que puede alcanzar un instrumento.

H. Para ecualizar exitosamente debemos:

1. Cambiar las frecuencias al azar.

2. Copiar la forma en que otras canciones fueron ecualizadas.

3. Considerar qué sonido queremos lograr para que funcione con la canción.

I. Escoge la afirmación correcta:

1. Dentro de cada instrumentos podemos encontrar algunas frecuencias o rango de frecuencias que pueden dar un carácter determinado al sonido si las realzamos.

2. En general es preferible aumentar las frecuencias antes que recortarlas.

3. No importa la calidad de la grabación, con la ecualización podremos arreglar todo.

Soluciones:

A: 1
B: 1
C: 3
D: 1
E: 1
F: 3
G: 2
H: 3
I: 1

www.ingramcontent.com/pod-product-compliance
Lightning Source LLC
Chambersburg PA
CBHW070348220526
45467CB00001B/296